地图数据
表达生命周期模型

李精忠　著

科学出版社
北　京

内 容 简 介

本书系统论述了地图学与GIS中尺度的基本概念，包括地图数据的尺度效应、尺度依赖性、尺度不变性、尺度一致性和多尺度表达；尺度空间地图数据生命周期模型，包括模型的基本思想、建模方法以及形式化描述等；尺度变换模式，包括地图综合尺度变换模式、基于细节层次的变化累积尺度变换模式、基于渐变的形状内插尺度变换模式和等价尺度变换模式；基于图结构的生命周期地图数据多尺度“演化链图”及应用方法，包括链图的基本概念、演化模式、生命周期的链图表达、基于链图的GIS应用等。

本书可供测绘、地理、遥感、计算机信息处理、自动控制等方面的科技工作者参阅，亦可作为相关专业研究生的教学参考用书。

图书在版编目(CIP)数据

地图数据表达生命周期模型/李精忠著. —北京：科学出版社，2024.10
ISBN 978-7-03-078561-9

Ⅰ. ①地… Ⅱ. ①李… Ⅲ. ①地图制图学–数学模型 Ⅳ. ①P28

中国国家版本馆CIP数据核字(2024)第101994号

责任编辑：杨帅英 赵 晶/责任校对：郝甜甜
责任印制：徐晓晨/封面设计：图阅社

科学出版社 出版
北京东黄城根北街16号
邮政编码：100717
http://www.sciencep.com

北京九州迅驰传媒文化有限公司印刷
科学出版社发行 各地新华书店经销
*
2024年10月第 一 版 开本：787×1092 1/16
2025年 1 月第二次印刷 印张：9 1/2
字数：225 000

定价：105.00元

(如有印装质量问题，我社负责调换)

前　言

尺度是空间数据的基本特性之一。在尺度空间中，地图表达随着比例尺从大到小的变化表现为逐步抽象直至消失的过程，通常称为“尺度效应”，它反映了不同尺度下地理实体、现象的变化和表达差异。如何建模和表达这一效应，一直是地图学与地理信息科学研究的热点问题。当前，主要存在静态多版本和动态综合派生两种策略。前者存在大量数据冗余，数据一致性难以维护，更新困难；后者受地图综合这一国际难题的影响，针对不同要素类型的动态综合算法发展极不平衡，实用性差。针对这一现状，笔者从尺度空间地图数据多重表达的数据模型、数据组织和数据操作等方面展开了系统研究，提出了尺度空间地图数据多重表达的生命周期模型理论，取得了一些研究成果，主要如下：

（1）基于面向对象的思想提出了集空间数据表达和尺度变换操作于一体的多尺度数据模型“生命周期模型”，其核心思想是将空间数据的静态表达和动态操作分别建模为对象的属性和方法，通过属性和方法的组合运算，生命周期模型能够动态地生成地图数据在不同尺度上的表达。

（2）依据变化累积和形状插值思想，基于细节层次的变化累积和基于渐变的形状内插两种新型尺度变换模式，扩充传统的矢量数据尺度变换模式，丰富生命周期模型中的尺度变换操作，使得模型可以动态导出生命周期内任意尺度上的表达。

（3）基于图结构建立地图数据表达生命周期“演化链图”，以图的节点表示生命周期模型中的关键表达状态，以图的链边表示生命周期模型中的动态尺度变换操作，节点和链边的组合表达不同的尺度变换模式及地图数据在尺度空间的表达变化过程，实现对大跨度尺度范围内空间数据多重表达过程的有效描述。

（4）基于 Qt 集成环境和 C++语言设计实现了一个尺度空间地图数据多重表达的生命周期原型系统，该原型系统一方面解释了生命周期模型的基本思想，另一方面验证了理论模型在实际应用中的潜力。

以上成果构成了本书的核心内容。

笔者是兰州交通大学天佑特聘教授，本书出版得到兰州交通大学研究生教育教学质量提升工程项目（JG202301）、国家自然科学基金项目（42271454、42394063）和甘肃省联合科研基金重大项目（24JRRAB48）的资助。感谢艾廷华教授、闫浩文教授及研究生史冲、张翼认真阅读书稿并提出宝贵的修改意见。

以吾之拙才、疏学为限，本书之见解论调或有不周，辞藻构句或有瑕疵。本书如抛砖引玉，文中或存纰漏，悉为吾过。敬请教诲于同道前贤、同侪与后学，愿倾听指教，不胜感激！

李精忠

2024 年 1 月于兰州

目　录

前言
第 1 章　绪论 1
1.1　尺度空间中的地图表达 4
1.2　国内外研究现状 6
1.2.1　国外研究进展 8
1.2.2　国内研究进展 13
1.2.3　存在的问题与发展趋势 16
1.3　研究方法 17
1.4　本书组织 18
1.5　本章小结 19
第 2 章　尺度的空间认知与表达 20
2.1　尺度的基本概念 20
2.1.1　尺度概念的内涵 21
2.1.2　尺度概念的外延 22
2.1.3　尺度的分类 24
2.2　尺度的空间认知 26
2.2.1　尺度效应 26
2.2.2　尺度依赖性 28
2.2.3　尺度不变性 30
2.2.4　尺度一致性 31
2.3　空间数据的多尺度表达 32
2.3.1　多尺度表达是层次性空间认知的结果 32
2.3.2　多尺度表达是辅助空间认知的工具 33
2.3.3　多尺度表达是尺度变换的结果 34
2.4　本章小结 35
第 3 章　尺度空间地图数据生命周期模型 36
3.1　引论 36
3.2　尺度空间中地图数据表达的变化过程分析 38

3.2.1　地图数据随尺度变化的特点 …… 38
3.2.2　地图数据尺度变化过程的描述 …… 41
3.3　尺度空间地图数据表达的生命周期模型 …… 42
3.3.1　基本思想 …… 42
3.3.2　概念框架 …… 45
3.3.3　基本定义及形式化描述 …… 46
3.4　基于面向对象思想的生命周期模型 …… 54
3.4.1　面向对象的基本思想 …… 54
3.4.2　基于面向对象思想的模型构建 …… 57
3.5　本章小结 …… 60
第 4 章　尺度变换模式 …… 61
4.1　地图综合尺度变换模式 …… 61
4.1.1　地图综合尺度变换基本思想 …… 61
4.1.2　地图综合尺度变换模型 …… 62
4.1.3　地图综合尺度变换方法 …… 63
4.1.4　地图综合尺度变换评价 …… 64
4.2　变化累积（LOD）尺度变换模式 …… 65
4.2.1　LOD 尺度变换基本思想 …… 65
4.2.2　LOD 尺度变换模型 …… 66
4.2.3　目标级 LOD 尺度变换 …… 67
4.2.4　几何特征级 LOD 尺度变换 …… 68
4.2.5　复合型 LOD 尺度变换 …… 76
4.2.6　LOD 尺度变换评价 …… 77
4.3　形状渐变（morphing）尺度变换模式 …… 78
4.3.1　morphing 尺度变换基本思想 …… 78
4.3.2　morphing 尺度变换模型 …… 79
4.3.3　基于点匹配的 morphing 尺度变换 …… 80
4.3.4　基于线段匹配的 morphing 尺度变换 …… 81
4.3.5　morphing 尺度变换评价 …… 82
4.4　等价尺度变换模式 …… 83
4.5　多模式的集成与评价 …… 84
4.5.1　多模式集成 …… 84
4.5.2　四种尺度变换模式评价 …… 84

4.6 本章小结 …… 85
第 5 章 基于图结构的多尺度数据组织 …… 86
5.1 图与超图的基本概念 …… 87
5.1.1 图的基本概念 …… 87
5.1.2 超图的基本概念 …… 88
5.2 演化链图 …… 91
5.2.1 生命周期模型与图 …… 91
5.2.2 演化链图的定义 …… 93
5.3 生命周期模型的演化链图表示 …… 97
5.3.1 地图综合型演化链图 …… 97
5.3.2 细节累积型演化链图 …… 98
5.3.3 形状渐变型演化链图 …… 100
5.3.4 等价变换演化链图 …… 101
5.3.5 复合型演化链图 …… 101
5.4 基于演化链图的结构化数据组织 …… 103
5.4.1 演化链图数据结构描述 …… 103
5.4.2 生命周期数据的组织 …… 105
5.5 基于演化链图查询与分析 …… 107
5.5.1 提取图中所有的节点 …… 107
5.5.2 提取图中所有的链边 …… 107
5.5.3 提取图中所有的尺度事件 …… 108
5.5.4 提取某尺度事件关联的源节点 …… 108
5.5.5 提取某尺度事件关联的派生节点 …… 108
5.5.6 提取某尺度事件关联的所有节点 …… 108
5.5.7 提取某尺度事件关联的尺度变换 …… 108
5.5.8 提取某源节点相应的尺度事件 …… 109
5.5.9 提取某派生节点相应的尺度事件 …… 109
5.5.10 提取某源节点相应的派生节点 …… 109
5.5.11 提取某派生节点相应的源节点 …… 110
5.5.12 提取实体在某尺度 S 下的表达 …… 110
5.5.13 导出实体的尺度空间的表达系列 …… 112
5.6 本章小结 …… 112

第 6 章　地图数据生命周期模型实验 …… 113
6.1　实验环境及原型系统 …… 113
6.1.1　Qt 集成开发环境 …… 113
6.1.2　C++编程语言 …… 114
6.1.3　原型系统结构 …… 116
6.1.4　系统功能 …… 116
6.2　生命周期模型实验 …… 118
6.2.1　技术难点及解决方案 …… 118
6.2.2　基于自动方式的多尺度数据组织 …… 122
6.2.3　基于交互方式的多尺度数据组织 …… 128
6.3　算法实验结果 …… 130
6.4　本章小结 …… 134
第 7 章　总结与展望 …… 135
7.1　总结 …… 135
7.2　展望 …… 137
参考文献 …… 139

第1章　绪　　论

地图是对连续地理现象的离散化表达，它通常基于单一的视角和固定的分辨率（Balley et al., 2004），但在数字技术、移动互联网、多媒体可视化等技术的支撑下，人们不再满足于静态、单一分辨率的空间表达，提出了从多角度、多视点、多层次对空间认知表达的要求，这是 IT 行业日益兴起的“以人为本”“个性化”“自适应”服务的表现。作为 IT 家族的一员，地图与 GIS 应当为用户提供“连续”“无级变焦”式可视化功能，即具有多尺度、多分辨率的空间表达与功能应用，使用户观察的视点越近，获得的信息越多、越详细；观察的视点越远，获得的范围越广、信息越概略（艾廷华，2004）。

用户由近及远视点的变化，对应地图比例尺的缩放。随着地图比例尺从大到小变化，地图的目标和信息的呈现方式也会发生显著变化，以适应特定的需求和场景。同一地理区域、地理实体、地理现象在不同尺度下会呈现不同的外观和信息。大比例尺地图详细表达了研究区域的地理实体和现象，适用于详细的地理分析和规划；小比例尺地图概略表述了研究区域的空间结构和过程，适用于揭示广泛区域的整体模式。在尺度空间中，地图表达随着比例尺从大到小的变化表现为逐步抽象直至消失的过程，通常称为“尺度效应”，它反映了不同尺度下地理现象的变化和表现差异。如何建模和表达这一效应，一直是地图学与地理信息科学研究的热点问题，即空间数据多尺度建模与表述问题。

多尺度表达广泛应用于自然资源管理、城市规划、环境监测、灾害管理和军事情报分析等领域，通过综合使用不同尺度的数据和分析方法，可以更好地理解地理空间现象，做出更好的决策和规划。它对多尺度空间分析（图 1-1）、矢量数据渐进式传输、交互动态多尺度可视化、国家空间数据基础设施、智能测绘、泛地图表达以及多尺度数据融合等研究都有贡献作用（郭仁忠，1997；陈军，1999；艾廷华，2004；鲁学军等，2004；张锦，2004；Ai et al., 2005;胡最和闫浩文，2006；陈军等，2021；郭仁忠等，2022）。

多尺度表达是实施多尺度空间分析的基础。针对不同层次的应用需求，人们需要不同分辨率的数据支持，实际应用往往出现图到用时方恨少的困境（高俊，2017）。宏观层次的分析决策往往作用于一个较大的空间区域，需要能够表达大尺度空间内主体空间结构和过程的抽象数据的支持；微观层次的决策分析通常作用于一个较小

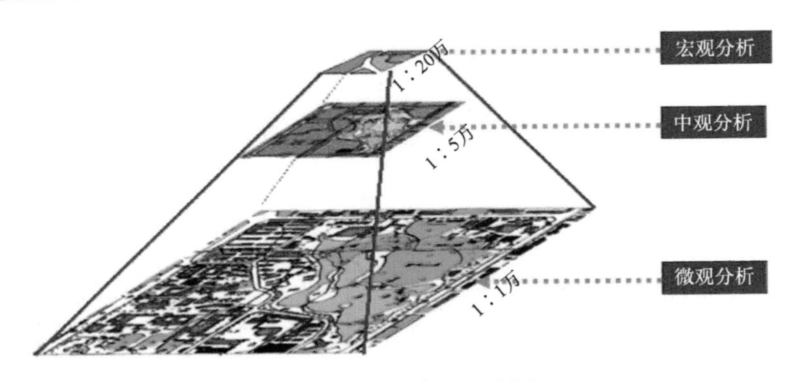

图 1-1　多尺度空间分析

的空间区域，需要能够表达每一微观而具体的空间结构和过程的详细数据的支持。多尺度空间数据表达是对同一区域内空间信息的多分辨率表达，能够实现从大范围内的主体信息到小范围内的细微信息的动态展示，辅助从粗到细的信息导航和空间认知。多尺度分析可以帮助识别和理解空间模式、趋势和关联。一方面，它允许分析人员在不同尺度上选择最合适的数据进行分析。根据具体问题的需要，他们可以在高分辨率和低分辨率数据之间切换，以获得最有用的信息。例如，在城市规划中，高分辨率数据可能用于详细的建筑物识别，而低分辨率数据可能用于城市整体规划。另一方面，多尺度空间分析通常涉及建立多尺度的模型，以解释不同尺度下的地理现象。这些模型包括地理空间模型、地理统计模型和机器学习模型。分析人员可以根据数据的尺度特性选择合适的模型来解释和预测空间现象。

多尺度表达能够支持网络环境下矢量数据的流媒体、渐进式传输（陆锋，2009）。网络环境下空间数据的传输往往表现为从左到右、从上到下的逐步传输过程，如图 1-2 右侧所示，这种方式没有顾及数据的空间特征，不适合人类的空间认知。人们在阅读书籍的时候往往先看目录，定位感兴趣的内容章节，然后逐步深入细节。网络环境下，人们对空间数据的浏览具有类似的需求，即先看概略图，定位感兴趣的区域和专题，然后有选择性地逐步深入，显然这需要多尺度空间数据的支持。有了地图数据多尺度表达模型以后，可以按照信息内容的层次性建立顾及尺度、语义影响的新型空间索引，实现网络环境下空间数据从主体到细节的渐进式传输与服务。

多尺度表达能够支持空间数据的交互动态可视化。当前的网络地图、电子地图等地理信息表达与展现系统均支持动态交互与可视化，交互可视化过程中的放大、缩小（zoom in/out）是为了从不同抽象层次获得空间信息的多重表达，是一种智能化的、基于内容和细节的缩放过程，而不是简单的符号缩放（杨必胜和孙丽，2008），表现为信息内容的增减（目标的出现、消失）和细节的抽象（细节的出现、消失）。显然，这需要多尺度空间数据表达模型的支持。例如，可以通过基于多尺度空间数

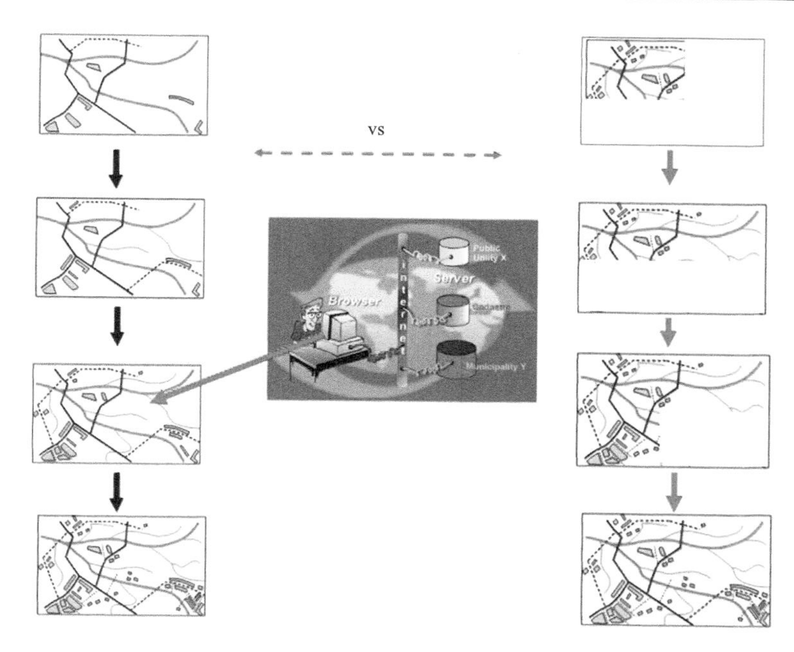

图 1-2　矢量数据的流媒体、渐进式传输

据表达模型构建数据金字塔，它包括多个数据级别，每个级别对应于不同的数据尺度。用户可以根据需要在不同级别之间切换，以查看细节或总体信息。一些高级 GIS 和数据可视化工具采用多尺度渲染引擎，能够动态地调整地图或图像的显示方式，以适应不同尺度的需求，这些引擎可以自动选择最适合当前缩放级别的数据表现方式，也是多尺度表达技术的典型应用，如电子海图需要依据显示尺度、环境模式实时动态调整颜色和符号模式（图 1-3）。

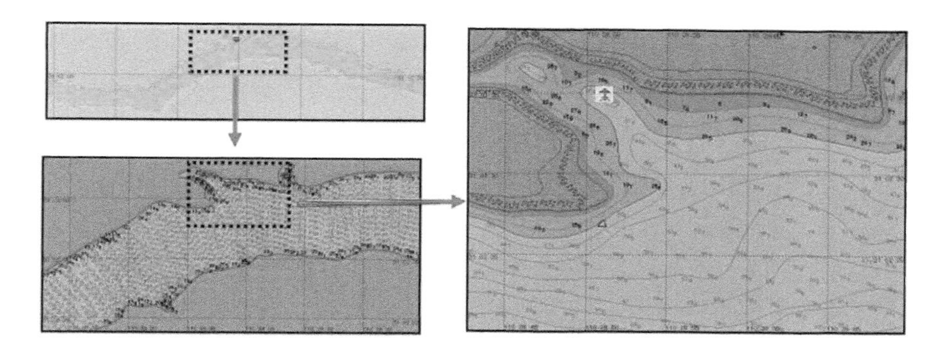

图 1-3　多尺度交互动态可视化示例

多尺度表达能够支持多尺度数据的集成融合。不同来源、不同尺度的空间数据的集成与融合是GIS工程应用中的突出问题，它涉及将不同尺度的数据融合在一起，以便综合利用它们的信息（李军和周成虎，2000）。在集成和融合多尺度数据时，通常需要进行尺度匹配，以确保数据在不同尺度下可以对齐。此时，往往采用插值、聚合和重采样等技术，以使数据在不同尺度下保持一致。传统的多尺度数据库本身就具有尺度维上的匹配能力，如果在数据库创建的过程中，同时考虑语义和专题的多样性，则可以进一步支持不同专题属性的多源数据集成。

尽管应用需求迫切，但当前的空间数据多尺度表达研究仍然存在瓶颈，问题在于传统的GIS数据模型是一种静态的、面向“尺度点”的快照式表达，不满足空间数据多尺度表达所固有的连续性、动态性、大跨度的要求。传统的矢量型空间数据模型将点目标表达为单一坐标、线目标表达为坐标串、面目标表达为闭合坐标链，它是一种面向状态的静态模型，只关注实体在尺度空间的单一表征，即在某“尺度点”上的静态表达。基于这种数据模型而构建的多尺度表达，只是对GIS数据在尺度空间中的一系列快照，是对实体在某些“尺度点”的静态表达。理想的多尺度表达方式应该是面向实体的、连续的、动态的表达，面向实体是相对于面向表达而言的，实体在其表达生命周期内可能同时包含面、线、点等多种表达形态；连续性表现在相邻尺度的表达之间能光滑过渡、无明显跳跃；动态性表现在任意尺度上表达状态的变更都能方便快捷地传递到其他尺度，实现表达的联动。这就要求在空间数据建模时融入对象和尺度的概念，将现实世界的对象（实体）作为认知的客体，将尺度变换作为一种认识世界和模拟世界的思维方法和思维过程内建到数据模型中，建立一个面向对象的、尺度依赖的、动态的数据模型（李霖和吴凡，2005）。

笔者认为，与自然生命由生到死的生命演进过程类似，地图数据表达随尺度的变化过程也可以用一个尺度空间地图表达的生命周期模型来概括，以描述地图数据在不同尺度下的抽象和演变过程。该数据模型的研究对于地理信息科学理论的进一步发展、研制具有原创性的多尺度地理信息平台具有极其重要的科学意义。

1.1　尺度空间中的地图表达

尺度空间中，以地图数据表达的尺度指标为比例尺，通常以1∶X的形式表示，其中X表示地图上1个单位的图面距离所对应的地球表面距离。比例尺决定了地理实体和现象在地图上的表示方式。尺度空间的概念涉及地图数据在不同尺度下的变化，以满足不同尺度的应用需求。在GIS应用中，尺度的变化与理解对于许多领域至关重要。例如，城市规划师需要在不同比例尺下查看城市的发展，应急响应团队需要在不同尺度下了解灾害情况，导航系统需要在不同比例尺下为司机提供路线信息，环境科学家需要在不同尺度下监测自然资源和环境变化。尺度变化对地图数据的影响直接关系到地图和GIS应用的有效性和准确性。

尺度空间中，地图数据的表达具有如下特征。在大比例尺阶段，地图覆盖的地理区域相对较小，而地图的尺寸相对较大，地图上的地物特征与实际地球表面特征近似一致，地图表达的符号和标注较为详细，地图表达可以突出地理特征的丰富细节。在中比例尺阶段，地图覆盖的地理区域适中，比例尺介于大比例尺和小比例尺之间，一些较小的地理特征将会被合并或省略，以减少地图上的混乱，地图上的符号和标注将会变小，以满足更多信息的呈现，中等尺度地图只会保留一些重要细节，并进行简化表达。在小比例尺阶段，地图覆盖的地理区域相对较大，而地图的尺寸相对较小，微小的地理特征和细节将完全消失，只有高等级的道路、河流等框架要素得以保留，地图上的符号和标注通常很简化，以适应更广泛的区域，小比例尺地图通常非常抽象，重点放在整体结构和关键特征表达上。在最小比例尺地图（全球地图等）上，地球表面整体呈现为一个简化的形状，如球体或椭球体，这种地图通常只包含全球范围的主要特征，如大洲、洋流和经纬线等，所有细节和局部特征都被忽略，以便提供整体的地球视图。

在尺度空间中，每一地理实体的地图表达所存在的尺度范围都是有限的。以建筑物为例，在大比例尺地图上通常以多边形的形式表达，在中比例尺地图上以简化的矩形表达，在小比例尺地图上则以点表达，在1∶25万或更小比例尺地图上单个的建筑物不再被表示（除非有特殊的意义）。空间数据在尺度上展示出的不同形式的演变，就犹如生命周期的演变，与自然生命的成长类似（出生—婴儿—少年—青年—中年—老年—死亡），也与社会形态的变化类似（原始社会—奴隶社会—封建社会—资本主义社会—社会主义社会）。在这里，以建筑物要素为例，总结了地图数据在尺度空间中随着比例尺从大到小的缩放表达生命周期的变化特征。

（1）几何细节减少：随着比例尺的缩小，地图上呈现的建筑物要素的几何细节逐渐减少。细小的特征，如窗户、门、壁垒和装饰性细节，在较小比例尺下不再清晰可见。这是因为地图上显示的空间有限，较小的比例尺通常用于呈现更大范围的地理区域，要求数据呈现更抽象。

（2）目标数量减少：随着比例尺的缩小，地图上显示的建筑物数量会减少。在较小比例尺下，通常只显示较大或重要的建筑物，而较小的建筑物或背街巷弄中的建筑物可能不再显示，以增加地图的可读性。

（3）整体重于局部：在较小的比例尺下，建筑物要素通常以更加整体的方式呈现，如只显示建筑物的轮廓或基本形状，而不再显示细节，以减少地图的复杂性；

或者将多个建筑物聚合为街区，不单独展示每一个建筑物轮廓，使其更易于理解。

（4）相对位置重于绝对位置：随着比例尺缩小，建筑物在地图上的绝对位置以更粗略的方式表示，地图上的相邻建筑物之间的距离和布局会失去一些细节信息。在较小比例尺下，随着表达空间的竞争，部分对象可能需要移位，地图更注重主要地理特征和相对定位关系，而不是精确的绝对位置。

（5）数据压缩：随着比例尺的缩小，数据通常需要进行压缩，以减少存储和传输成本。这意味着地图数据在不同比例尺下可能会存在某种程度的数据损失，但压缩的过程需要保持数据的主要地理及几何特征，即地图综合。

综上所述，尺度空间中地图比例尺的变化对地图表达产生显著的影响，需要科学的多尺度表达模型支撑，也需要合理的数据处理及制图表达策略。GIS 和地图制图领域的挑战之一是如何动态派生不同尺度的地图数据，以及在不同比例尺下有效管理、呈现和分析地图数据，以提供最有用的信息。在这一过程中，建筑物要素的多尺度表达与呈现只是众多地理要素中的一部分，但它突显了尺度变化对地图数据表达的普遍影响。随着比例尺从大到小的变化，地图数据的呈现会发生多方面的变化，包括细节、整体性、要素数量、绝对位置和数据压缩等方面。了解这些变化对于更好地满足不同尺度下的地理信息需求至关重要。

随着科技的不断进步，地图制图和 GIS 领域也在不断演进。现代 GIS 软件和工具允许用户轻松切换不同比例尺下的地图数据，同时提供自动化的数据渲染和可视化功能。但是，如何科学而快速地派生、组织和更新多个比例尺的地图数据，仍然是当今地图制图和 GIS 领域所面临的关键挑战之一。尽管研究人员正在努力开发智能化地图数据尺度变换算法，也部分实现了基于用户需求和上下文信息的地图数据派生，但距离实用还有较大的差距。地图数据的多尺度特性将继续引领 GIS 和地图制图领域的发展，并在科学研究、城市规划、环境监测、导航和许多其他领域中发挥关键作用。

1.2　国内外研究现状

在地图学领域，尺度空间中地图数据的多重表达理论通常被称为空间（或地图）数据多重表达、空间（或地图）数据多尺度表达、空间（或地图）数据多分辨率表达等，无论何种表述，其概念内涵基本相同（Brewer and Buttenfield，2007）。事实上，多尺度表达并非一个新兴的概念，在模拟环境下人们通常通过概略图、区位图、索引图等方式配合主地图内容实现地物目标的搜索和空间信息的查询，或者建立同一区域不同尺度的系列比例尺地形图，以满足不同层次的空间认知和分析，这些都是最原始的关于空间数据多尺度表达的案例。在模拟环境下，由概略图到主图的变换存在大幅度的比例尺跨越，会产生用户视觉焦点的丢失和空间认知的困难。在数字环境下，理想的尺度切换模式是比例尺调节接近于连续式变化，没有很大的跳跃，能满足人们思维连续性的要求。

空间数据多尺度表达的正式提法，最早源于美国国家地理信息分析中心（NCGIA）的一个创新型研究计划“Research Initiative 3”，在该计划的结题报告“Multiple Representation Closing Report”中，给出了多尺度表达的最初定义。报告认为，空间数据的多尺度表达是指“随着在计算机内存储、分析和描述的地理实体的分辨率（尺度）的不同，所产生和维护的同一地理实体在几何、拓扑结构和属性方面的不同数字表达形式”。与此同时，还为多尺度表达问题定义五个研究领域：数据模型、多重表达之间的链接、所实现视图的维护、空间模拟、地图综合问题等。此后，国际上几个著名的地图学和 GIS 研究组织都对该关问题产生了兴趣，1997年 NCGIA 的瓦伦纽斯（Varenius）基金将“地理细节的形式化概念”列为高度优先的认知研究项目，重点研究地理信息认知中的尺度、详细程度以及多尺度表达等方面的问题。研究支持相同现象的多重表示共存于同一数据库中的新的数据表达与管理方法，被列入由欧洲多家研究机构参与的、在欧洲共同体资助下的多重表达-多重分辨率（Multiple Representations, Multiple Resolutions）项目的研究计划中（Parent et al., 2005；Spaccapietra et al., 2007）。美国 NCGIA 的“Online GIS”课题提出了以设计新型空间数据模型、建立新型空间索引为主要研究内容，针对性地考虑网络运行环境的要求，将多尺度概念纳入数据组织中，不仅考察同一尺度下横向上的空间关系，而且考虑尺度变化上的纵向的空间关系。法国国家地理和森林信息研究所（IGN）牵头联合瑞士苏黎世联邦工业大学、英国 LaserScan 公司，针对 WebGIS 的数据传播处理，向欧盟组织申请了以“Agent 智能体”为技术手段的多尺度空间数据处理的大型课题研究，提出了 on-line 在线处理与 off-line 离线处理相结合的解决途径。美国 NCGIA 中心的 Buttenfield 在她的“数字图书馆”课题中建立了 on-demand 空间信息处理技术策略，重点关注渐进式多层次空间信息的表达问题，提出了基于 LOD 技术建立服务器端数据组织的多层次结构，支持数据下载中的渐进式传输过程。

综合看来，空间数据多尺度表达的研究主要集中在：多尺度数据模型（Puppo and Dettori, 1995; Jones et al., 1996; Stell and Worboys, 1998; Timpf, 1998a, 1998b; Vangenot et al., 2002; Balley et al., 2004; Laurini and Thomson, 1992；Harrie and Hellström, 1999; Dunkars, 2004; Skogan, 2005;吴凡, 2002；刘妙龙和吴原华, 2002；王涛和毋河海, 2003；王宴民等, 2003；佘江峰, 2005；郑茂辉等, 2006）以及多分辨率层次数据结构（van Oosterom, 1993，1995；Zhou and Jones, 2001，2003; Ai and van

Oosterom, 2002；王迪等，2022）的设计和实现，包括不同层次之间的链接和更新触发机制以及不同表达版本的一致性维护（Egenhofer et al., 1994; Ware and Jones，1998；Joao, 1998; Sester et al., 1998；齐清文和张安定, 1999；陈佳丽等，2007；王家耀，2017）等，相关综述参见 Sarjakoski（2007）。

数据模型是信息系统设计的核心和首要问题，它表达了设计人员对客观世界的认知和抽象。如何在计算机中建模现实世界实体的几何多样性、语义多样性，这涉及多尺度数据模型问题，是空间数据多尺度表达主要研究的问题之一。基于多尺度的数据模型，可使系统能够理解在不同尺度上哪些符号（空间对象）参考同样的地理实体，从而提供多尺度空间表示所需要的、穿越多层次鉴别对象的能力，并寻求合适的空间数据多尺度变换方法，使空间数据能够从一种表示完备地过渡到另一种表示，以实现由单一或少数比例尺的基础数据集派生能满足不同应用层次的、不同详细程度的、任意尺度的数据集。

1.2.1　国外研究进展

国外关于多尺度空间数据模型的研究主要体现在抽象胞腔复形（abstract cell complexes）、GEODYSSEY、层次地图空间（stratified map spaces）、地图立方体模型（map cube model）、具有时空特征的应用数据建模（modeling of application data with spatio-temporal features, MADS）模型及视图元素（view element, VUEL）模型等几个典型模型上。

Puppo 和 Dettori （1995）从形式化描述的角度，基于抽象胞腔复形的概念建立了一个多尺度表达模型。抽象胞腔复形是拓扑学中的一个概念，用于描述和研究空间的拓扑结构。它是一种数学工具，用于理解和描述拓扑空间的性质，而不涉及具体的度量或几何信息。一个抽象胞腔复形由一组抽象胞腔（abstract cells）组成，这些抽象胞腔可以用于建模空间的不同维度和连接方式。这些抽象胞腔可以是零维的顶点、一维的边、二维的面、三维的体等，它们之间的连接关系由一组规则或关系来定义。这些规则通常描述了不同维度的抽象胞腔如何相互粘连或附着在一起，从而形成一个整体的拓扑结构。抽象胞腔复形的概念提供了一种抽象和代数化的方式来研究拓扑空间的性质，它可以用于拓扑同胚、同伦等概念的研究，以及在代数拓扑、拓扑数据分析等领域中应用。抽象胞腔复形是拓扑学中的一个强大工具，它允许数学家和研究者在抽象的层面上分析和描述各种拓扑空间，无须涉及具体的几何结构。该模型的贡献作用在于形式化地定义空间实体、空间关系和尺度变换操作，但缺乏可操作的实现策略。

Jones 等（1996）从专家系统的角度提出了一个多尺度数据库概念模型——

GEODYSSEY，该模型分为内涵数据库（intensional database）和外延数据库（extensional database）两部分，内涵数据库主要包括规则数据库和算法库；外延数据库由真实世界对象目录（real-world object directory，RWOD）和元数据库构成（图1-4）。真实世界对象目录的内容为语义、空间和时态数据库，记录了地理实体在数据库中所有可能的语义、时间和空间信息，元数据库的内容为分类层次和质量属性。基于该模型可以导出多尺度下的空间实体和空间关系：如不存在显式存储的关系，则应用几何算法确定目标尺度上所需的空间关系；如不存在目标尺度所需的几何对象，则应用综合算法进行 GIS 几何目标自动综合，计算生成所需的空间对象。GEODYSSEY 从逻辑上提供了一个合理的多尺度数据库创建策略，但是该模型所涉及的推理知识的自动获取和形式化描述都是当前地图学中的瓶颈问题，综合算法的效率也参差不齐，因此难以在实际中得以广泛的应用。

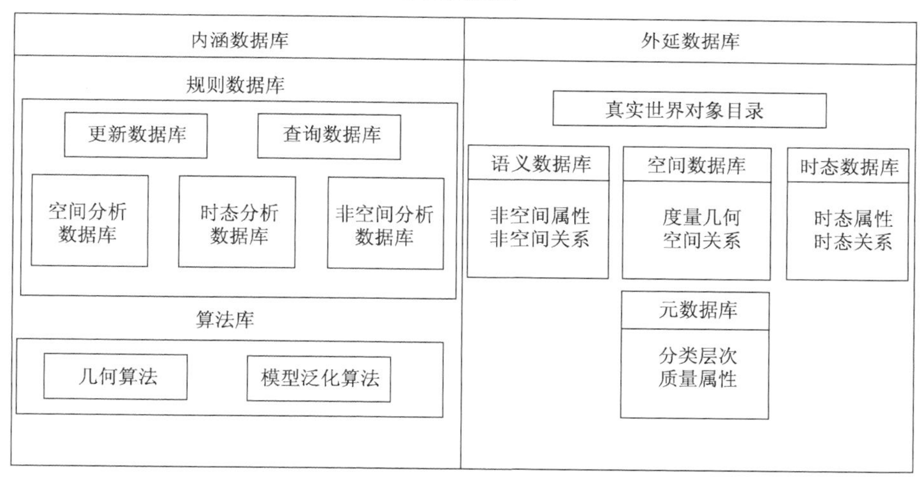

图1-4 GEODYSSEY 模型的基本构架（摘自 Jones et al., 1996）

基于空间认知的整体-部分构建原理，Stell 和 Worboys 在 1998 年提出了“层次地图空间”的概念，这一概念为多尺度地图处理和空间信息管理领域带来了重要的启发（图1-5）。层次地图空间的核心思想是将地图信息组织成一种层次结构，其中每个级别或层次对应着不同的空间和语义粒度/分辨率。在这个模型中，首先具有相同空间和语义粒度/分辨率的目标被聚合成一个地图单元，这个地图单元可以被视为一个“信息块”，其中包含具有相似特征和粒度的地理要素或地理信息。例如，如果考虑城市地图，一个地图单元可以代表一个特定的城市区域，其中包括街道、建筑物、公园等。所有这些地图单元的集合构成了地图空间，地图空间本身是一个组织丰富的层次结构。这意味着在地图空间中，可以定义多个不同的层次，每个层次都具有不同的粒度或分辨率级别。例如，可以存在一个粗粒度的层次，其中地图单元代表大型地区，以及一个细粒度的层次，其中地图单元代表小区域或更详细的要素。这种层次化组织使得地图信息能够以多个粒度级别进行管理和使用。在层次地图空间模型中，还引入了转换函数，这些函数用于实现不同层次地图单元之间的导航和信息变换。这些转换函数是双向的，意味着可以进行综合（generalization）转换，从细粒度到粗粒度，以减少地图的细节，也可以进行提升（lift）转换，从粗粒度到细粒度，以增加地图的细节。这种灵活性使得地图信息可以根据用户的需求和特定应用在不同粒度级别之间切换和转换。“层次地图空间”是一个有关地图信息的组织和管理模型，它通过层次化组织和转换函数的引入，使得地图信息能够更有效地应对多尺度变换和空间信息的不同需求，为层次化地理信息组织提供理论基础。

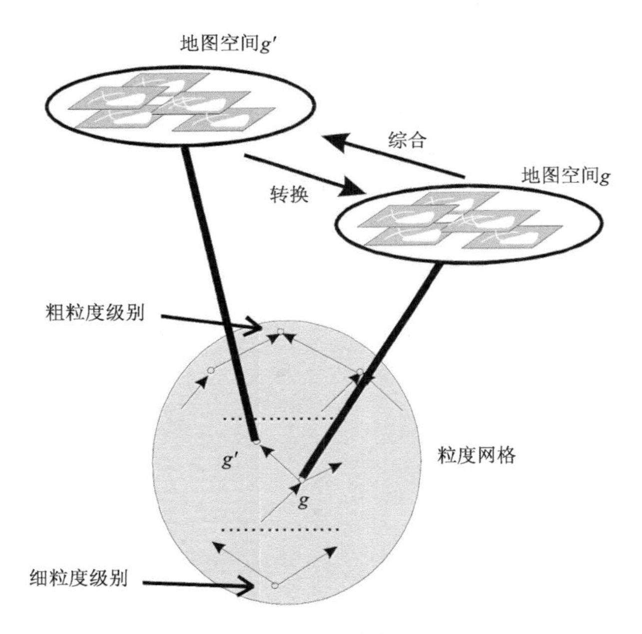

图 1-5　层次地图空间模型示意图（摘自 Stell and Worboys，1998）

同样是基于层次性原理，Timpf（1998b）基于系列比例尺地形图分析了地图元素的层次特性，提出了地图立方体模型的概念，用于描述具有不同细节层次的地图系列，区分了三种不同的层次结构，即滤波层次、合并层次和综合层次，并利用有向无环图（directed acyclic graph, DAG）结构记录表达。该模型本质上是一个三维结构，其中两个水平轴 x 和 y 表示 2D 空间，竖轴 Z 表示细节层次（图 1-6）。在定义地图立方体模型之前，首先形式化定义了一个地图模型，认为地图由 4 种基本地图对象构成：交通水文网（trans-hydro network）、容器（containers）、区域（areas）和地图要素（map elements），每张地图都具有一个特定的细节层次，都对应于3D结构中的一个2D平面，系列具有不同LOD的地图即构成了一个地图立方体。对每一地图对象建立一个树结构，不同的LOD对应于树结构中不同深度的节点，从而实现同一实体不同表达之间的链接。所有4种地图对象的树结构的集合构成了一个森林，也即地图立方体。该模型的贡献作用在于，提出了基于图论的多尺度数据组织方式，并区分了三种抽象层次，即滤波层次、合并层次和综合层次，为概念模型向逻辑模型的转化提供了数学基础。

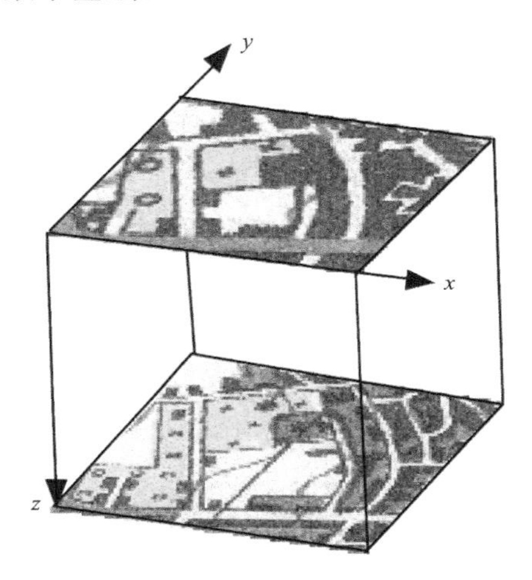

图1-6 地图立方体模型示意图（摘自Timpf，1998b）

Balley等（2004）基于图章技术（stamping）扩展了MADS模型，该模型语义表达能力丰富，能直观地表达多尺度框架下的几何形态变换及三种基本的尺度映射关系：1∶1映射、n∶1映射和n∶m映射，并提供了两种方法将其用于多尺度数据库的建立（图1-7）。①整合方法（integrated approach），同一实体的多重表达共存于数据库中的同一实例，以不同的图章区分每一表达的视角和分辨率（viewpoint和resolution）；②关联法（inter-relationship approach），同一实体的多重表达在数据库中以不同的实例表示，不同表达之间的关联以相关关系来建立，区分了三种相关关系：等于（identity）、合并（aggregation）及多对多（set to set）。MADS模型的贡献在于，提供了一种面向实体的多尺度概念建模方法，并提供了两套基于数据库视图的实现方案，为空间数据多尺度表达的建模和实践提供了一个成功的范例。

Bedard和Bernier（2002）从数据库的角度，基于VUEL模型描述了多尺度数据库的一种实现方案。VUEL是构成数据库视图（database view）的最小基元（相当于构成图像的像素 pixel），在多尺度表达中，它描述了同一实体在不同细节层次的几何形态、语义特征和符号方案，一系列相关的 VUEL 构成了空间数据库的一个视图，即某一层次的表达，通过对不同细节层次的 VUEL 的选择，最终实现空间数据的多重表达（图 1-8）。VUEL 的贡献作用在基于数据库视图的角度，从逻辑层面和物理层面提供了一个操作性较强的多尺度数据库构建策略，但缺乏专业的 GIS 多尺度内涵。

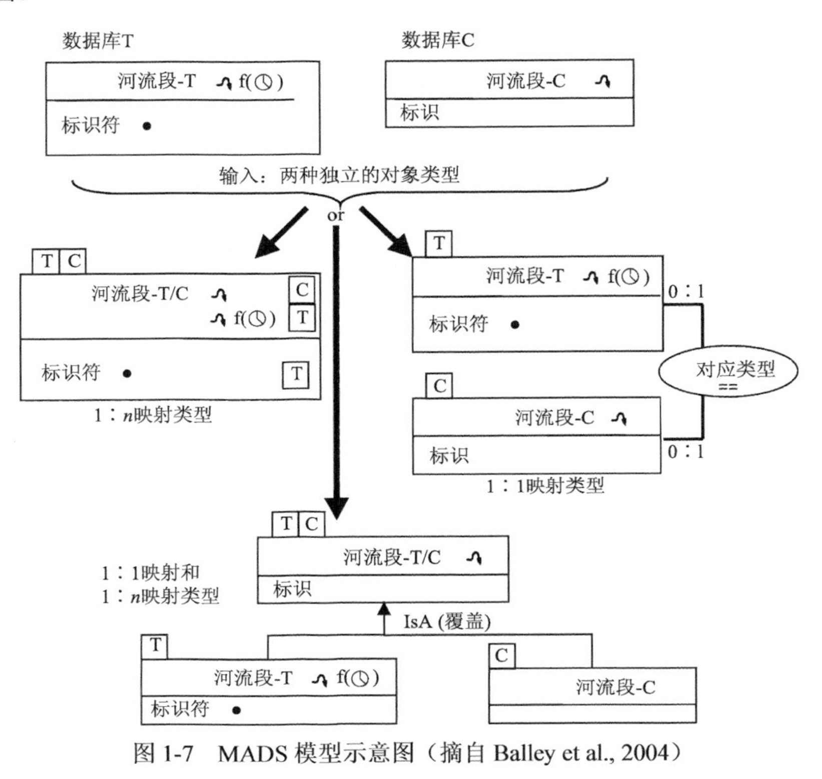

图 1-7　MADS 模型示意图（摘自 Balley et al., 2004）

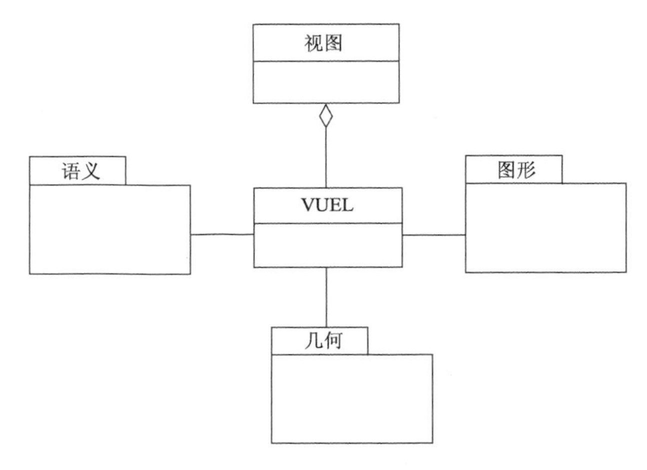

图 1-8　简化的 VUEL 模型图（摘自 Bedard and Bernier, 2002）

在上述模型中，GEODYSSEY 从专家系统的角度描述了一个多尺度框架，该框架以地图综合作为尺度派生的核心环节，为基于综合的方式而构建的多尺度数据库提供了理论基础；地图立方体模型是从尺度空间中 GIS 数据固有的层次性来研究多尺度数据组织的，它所提倡的基于图论的数据组织模式可以作为多比例尺数据库创建的理论基础；抽象胞腔复形和层次地图空间从形式化描述的角度，运用数学语言研究了多尺度表达的概念内涵，如不同空间、语义分辨率下的空间实体的表达问题，横向及纵向空间关系维护问题，尺度变换机制的建立问题等，这两个模型为多尺度表达的最终实现奠定了数学基础；MADS 及 VUEL 模型则分别从用户视图和数据库视图研究了多尺度表达的建模问题，并提供了相应的数据库实现模式，为多尺度模型从概念层次的讨论到逻辑、物理层次的实现提供了有益的参考。

综合来看，这些模型大致可以分为两类：一类是基于多版本的层次模型（如地图立方体模型、层次地图空间模型等），另一类是基于地图综合的动态派生模型（如 GEODYSSEY、MADS、VUEL 等）。综合来看，这些模型要么重版本，要么重操作，但都没有提供对版本和操作的集成机制。事实上，版本和操作可以看作是空间数据的两个基本特征：一个是静态属性，一个是动态操作，在面向对象的框架下二者是可以集成的。数据模型的研究涉及三个不同的层次：概念、逻辑和物理，当前的多尺度模型往往偏重某一具体层次的研究（如地图立方体和层次地图空间等模型都是概念层次的讨论，GEODYSSEY 和抽象胞腔复形等模型偏重逻辑层次的讨论，MADS 和 VUEL 等模型则是偏重物理层次的讨论），而没有系统地将这三个不同的层次有机地串接起来，形成一个完备的体系。因此，笔者认为，多尺度数据模型的研究应该注重对版本和操作的有机集成，注重概念分析、逻辑设计和物理实现三个层次的串接。

1.2.2 国内研究进展

国内关于多尺度数据模型的研究成果主要体现在：考虑尺度因子，建立了尺度依赖的数据模型；基于空间认知的整体-局部构建及层次特征，建立了多尺度层次数据模型；基于时空变化机制，建立了时空对象进化模型；引入本体的概念，建立了多表达地理本体模型；基于矢量金字塔，建立了连续尺度表达模型。

1. *尺度依赖数据模型*

吴凡（2002）提出了一个面向地理实体的尺度依赖的空间数据模型，该模型可以定义为元组 MGeObjects= $< \mathrm{OID}, A_j, D_j >$，其中，MGeObjects 为广义尺度下多尺度地理空间对象，OID 为其标识，A_j 为相应空间对象的主成分构成的子空间，D_j 为次要成分构成的子空间，j 为广义尺度。对于尺度 j 上每一个空间对象 MGeObjects，它由一个近似子空间 A_j 和一系列细节子空间 D_j 等两个子空间构成。A_j 和 D_j 的组合构成尺度j上一个完整的空间实体。而整个地理空间由多个 MGeObjects 构成，即用 MGeObjects 划分了整个空间。该模型显然是尺度 j 依赖的，基于该模型开发的 GIS 将具有尺度维的处理和表达能力。但是，考虑到空间对象的复杂性、多样性，其主成分的识别往往具有不确定性，很难通过程序的方式准确地描述任意对象的主、次成分。

刘妙龙和吴原华（2002）认为，传统的基于“层”的地图数据组织方式不利于空间数据的多尺度展示与分析，而基于尺度的地图数据组织方式是未来地理信息表达研究的重点，并提出了基于尺度的、树状地图数据组织模型。该模型依据地图的分辨率，将地图分成几种尺度视图，而后将不同尺度的视图整合，建立多尺度 GIS 体系。该模型从理论上意识到了尺度对于 GIS 数据组织的重要性，并提供了对有限尺度视图的整合方法，但本质上不是面向空间数据表达生命周期的模型，其作用范围受尺度限制。类似地，马亚明等（2008）提出了一种空间索引与多尺度表达的一体化模型。

2. *多尺度层次数据模型*

王涛和毋河海（2003）基于地理视图和几何视图的层次性，设计了一个面向地理实体的层次对象模型。该模型由几何层和要素层组成，几何层包括点、线、面 3 种几何基元，同时按照一定规则在它们之间建立拓扑关系，这种规则是由更高一层的对象决定的，其中边是有序点串，是面的边界轮廓，由两个节点界定。要素层包含两类对象，即简单要素和复合要素。简单要素对应于具有独立意义的地理空间实体，如道路、河流等，它包含几何属性和地理语义两部分，其中，几何属性可以是多个几何类型的对象集合。复合要素由多个简单要素以及简单要素之间的空间关系和规则组成，其关联着更高层次上的专题属性信息。每个简单要素最多可以关联 3 个几何对象（点、线、面），最少关联 1 个。在模型内部，针对几何对象，使用目标集合层次树和目标细节层次树作支撑，可以实现几何要素的多分辨率表达。该模型可以很好地描述尺度变换关系中的 1∶1、n∶1 映射，但是对于 n∶m 关系显得无能为力。类似地，程昌秀和陆锋（2009）提出了一种矢量数据的双层次多尺度表达模型。

王宴民等（2003）基于整体-局部构建及层次性原理，设计了一种分层分区分级的多尺度 GIS 数据模型，其基本思想是先将目标区分成若干比例尺层次，以最上层比例尺的空间数据作为主导版本（该版本可以是独立采集的，也可以是较大比例尺版本用制图综合方法派生的数据），用该版本向上派生更小比例尺的版本，直到屏幕能够显示全图为止。用主导版本对下层比例尺版本的空间数据进行分区，形成多个分区的大比例尺版本，将这些分区版本作为各分区的主导版本；再对分区主导版本向上派生、向下分区，直到满足要求为止。各分区版本可以是单独的数据库，也可以是分布在网上不同计算机上的数据库。概括起来就是：整体分层、层中分区、区内分级。该模型的缺点在于：其分层的方法还是传统的一刀切方式，与多比例尺无异；人为的分区会将一些完整的要素切割为多个碎片。

3. 时空对象进化模型

佘江峰（2005）基于系统论和协同学的观点（进化的本质是指对象与其外部环境发生了信息、能量或物质的交换）设计了一个时空对象进化模型，运用面向对象的方法学分析了对象进化过程中的特征变化、机制变化及时空事件，认为对象变化（特征变化和机制变化）的直接驱动力是其自身或外部某一对象的行为，时空事件由对象的行为触发而生，它起着时空对象之间信息通道的作用，对象行为要么因对象的自身需要（自治机制）而发生，要么因感知外部事件（反应机制）而发生，它起着实现对象自身进化或在对象间交换物质与能量的作用。该模型虽属于时空数据模型的研究范畴，但对于空间数据多尺度表达，特别是对于建立面向尺度变换过程的数据模型的研究具有指导作用。

4. 多表达地理本体模型

郑茂辉等（2006）认为，多重表达的建模不能仅限于数据库中多重几何特征的一致性表达，还必须支持不同语义粒度、不同应用主题下语义特征的弹性描述，而基于形式化本体的地理信息建模更贴近于认知模型，有助于语义表达以及基于语义的信息集成和共享。郑茂辉等（2006）给出一个基于描述逻辑的多表达地理本体方案，该方案由多个不同类型、不同层次的different level子本体构成，支持水平与垂直方向上的集成操作，能够为数据库中几何信息和语义信息的弹性表达提供一个统一的、基于描述逻辑的模型理论基础。该模型的意义在于纠正以往概念建模中普遍存在的强调空间多分辨率表达而缺乏语义描述的不足，为多尺度数据建模引入新的视角。

5. 连续尺度表达模型

宴雄锋等（2018）结合多尺度预存储、多尺度数据结构和多尺度空间索引等技术策略，运用地图综合技术处理并存储几级关键尺度作为基态数据，在目标数据模型中加入尺度维和操作信息，记录地图综合的过程和尺度变换，构建一种新的空间数据模型——金字塔模型。该模型通过离线式地图综合确定目标的尺度表达空间范围，并建立目标之间的纵向关联关系，同时通过面向对象思想，将该综合过程中的目标表达状态、算子类型及控制参量等信息进行集成封装。在金字塔模型中，每个目标都具有独立的表达状态，可通过尺度信息的查询并结合尺度变换操作控制目标的几何细节层次，实现尺度的连续表达。

1.2.3　存在的问题与发展趋势

纵观国内外的研究现状，不难发现传统多尺度数据库的构建存在两种技术策略：一是基于自动制图综合技术，在数据库中只存储一个最高精度的单一比例尺的数据，然后通过在线操作自动导出满足不同层次、不同级别比例尺的数据；二是在数据库中显式存储同一区域不同比例尺版本的地图数据，构成金字塔级联式存储，该数据是通过离线操作得到的不同版本的结果。其存在的问题如下：

（1）基于多版本存储的层次模型存在一致性难以维护和更新难以传递的困难。一致性具有两个不同的层次，即纵向一致性和横向一致性。纵向一致性表现为同一实体不同层次表达之间的关联关系，横向一致性表现为同一层次不同要素之间的空间关系。对于层次模型而言，纵向一致性往往难以维护，穿越层次的对象鉴别能力很差。而且，在某一尺度下的更新难以以递增的方式自动传递到其他层次，更新困难，代价高。

（2）基于地图综合的动态派生模型严重依赖于地图综合算法，而综合算法发展极不平衡，对于某些要素（如线状要素）算法成熟、效率高，而对于复合要素（群结构）综合决策和算法本身都较为低效。由于表达是动态派生的，横向一致性难以维护。

（3）现有的多尺度数据模型往往偏重几何多样性的表达，忽略了对语义多样性和时态多样性的描述，即只是多尺度表达，而非多重表达。

（4）现有的多尺度数据模型只能作用于一个有限的尺度区间，不能满足大跨度尺度空间内地理现象的多重表达。多版本层次模型往往只能记录几个固定版本上的表达快照；而基于综合的动态派生模型，综合算法也只能作用于有限的区间，否则派生结果将严重偏离真实的表达。

（5）现有的多尺度数据模型往往只涉及概念、逻辑和物理三个层次中的某一个或两个层次，而没有系统地将这三个不同的层次有机地串接起来，形成一个完备的体系。

（6）缺乏连续、动态的多尺度数据表达能力。

针对这一现状，有必要采取折中的策略，即将成熟的自动化程度高的在线综合方法与难度大不能自动实现而采取人工综合的离线式方法结合起来，在按比例尺划分构建级联式存储结构时嵌入在线式操作，减少存储版本数，由在线尺度变换导出中间尺度表达。结合多版本层次模型和综合派生模型各自的优缺点，发展新型的集成模型，在避免多版本层次模型的不一致问题和更新难的问题的同时，继承其高效性和简洁性；在避免综合派生模型的低效率的同时继承其动态性和数据节省性。此外，模型不仅仅要提供某些关键尺度上表达，而且要动态派生任意尺度上的临时表达，由尺度点上的静态表达演化为尺度区间上的动态表达。这样一来，既降低了数据量，又实现了增量式更新和一致性维护。合理的技术集成对于海量空间数据的更新与维护具有极其重要的现实意义。

1.3 研究方法

地图数据表达在尺度线性空间中表现出多态性特征，随着尺度的“调焦”展示出不同分辨率的动态演化过程。基于这一认识，本书借助于图论和面向对象方法学中的有关技术手段，寻求支持空间数据多尺度表达的新型数据模型和尺度变换算法，构建尺度空间中地图多重表达的生命周期模型。在研究方法上沿着“理论模型分析→技术算法实现→应用原型”的主线，从概念层到逻辑层，再到物理层逐步深化。对于空间数据的多尺度表达，首先从空间认知的原理和面向对象的思想构建一个集尺度状态和尺度行为于一体的概念数据模型，该数据模型旨在揭示地理实体在尺度空间的表达状态和演进过程；其次，着重分析 GIS 数据尺度行为的几种模式（如传统的地图综合、基于细节层次的累积变换、基于渐变的形状内插），对各种模式下的尺度变换都给出了可操作的算法思想和形式化描述，并基于图的方式以节点和链边分别存储尺度状态和尺度行为，以实现对多尺度表达的逻辑数据组织；最后，在物理层次上设计实现一个原型系统，以验证模型算法的可行性。具体实施过程中，从模型构建、数据组织和尺度变换三个角度，形成一套尺度空间地图数据多重表达的生命周期模型理论与方法。

在模型构建方面，基于尺度空间中 GIS 数据表达的变化机制，设计一个面向实体状态和行为的生命周期模型。在尺度空间中，GIS 数据表达的范围是有限的，这一有限的范围构成了 GIS 数据表达生命周期。在生命周期的不同阶段，GIS 数据有不同的表达状态和不同的变化趋势，有关键表达、非关键表达，以及有突变、缓变之分。采用面向对象的技术手段，将实体表达的关键状态建模为对象的属性，将导致状态变化的尺度变换建模为对象的方法，通过对关键状态实施尺度变换可以导出任意尺度下的非关键表达，从而构建一个动态的、全生命周期的多尺度数据模型。

在数据组织方面，基于图论思想对多尺度表达的状态和行为进行统一数据组织。图的两大基本元素是节点和链边，以图的节点来表示GIS数据在某一尺度下的表达，以图的链边来表示某两个不同尺度的表达之间的派生关系，GIS 数据在尺度空间中的整个演进过程可以以一系列节点和链边的有序组合直观地表达出来，从而实现对大跨度尺度范围内空间数据多重表达过程的有效描述和多尺度模型的逻辑组织。

在尺度变换方面，突破传统地图综合模式的限制，发展两种适于生命周期表达的新型尺度变换模型，即基于渐变的形状内插变换和基于细节层次的变化累积变换。GIS 中尺度变换的一般模式为 $R=F(R_0, S)$，即对单个初始数据集实施函数变换导出一个新数据集，这种变换模式只能作用于一个较小的尺度范围，当尺度跨度较大时，派生表达往往严重偏离真实结构。为此，从在线尺度变换的角度，引入计算机图形学中的基于渐变的形状内插变换，在两关键尺度间通过内插获得中间状态的粒度精细的表达；从离线尺度变换的角度，引入几何细节累积变换模型，将空间目标以分辨率为控制条件剖分为一系列形态简单的结构单元，通过结构单元的累积实现不同分辨率的表达，存储为金字塔式的多粒度结构，该模型用于尺度变换时，只需通过线性组合得到不同详细程度的表达，叠加的层次越多，获得的表达越精细。

1.4 本书组织

全书由 7 章构成，总体思路沿着现状分析、概念剖析、理论模型、逻辑描述和物理实验的主线进行，其基本结构如下（图 1-9）：

第 1 章，首先对尺度空间中地图数据表达的特征进行分析，引出空间数据多尺度表达概念，并系统阐述当前多尺度表达的研究进展、存在问题与发展趋势；然后提出本节的研究思路与方法，并介绍本书的组织逻辑与体系结构。

第 2 章，基于尺度的基本概念，从认知和表达的角度分析空间数据的尺度特性，包括尺度概念的内涵与外延、尺度的空间认知、空间数据的多尺度表达等，为空间数据多尺度数据模型的研究提供理论基础。

第 3 章，从概念层次分析 GIS 数据多尺度表达的基本特征，基于对特征的分析，提出一个集数据表达和数据操作于一体多尺度数据模型，并运用面向对象的方法学描述模型的基本框架。

第 4 章，从数据操作的角度总结了一套完备的矢量数据尺度变换模式，包括地图综合尺度变换模式、变化累积（LOD）模式、形状渐变（morphing）模式和等价尺度变换模式。

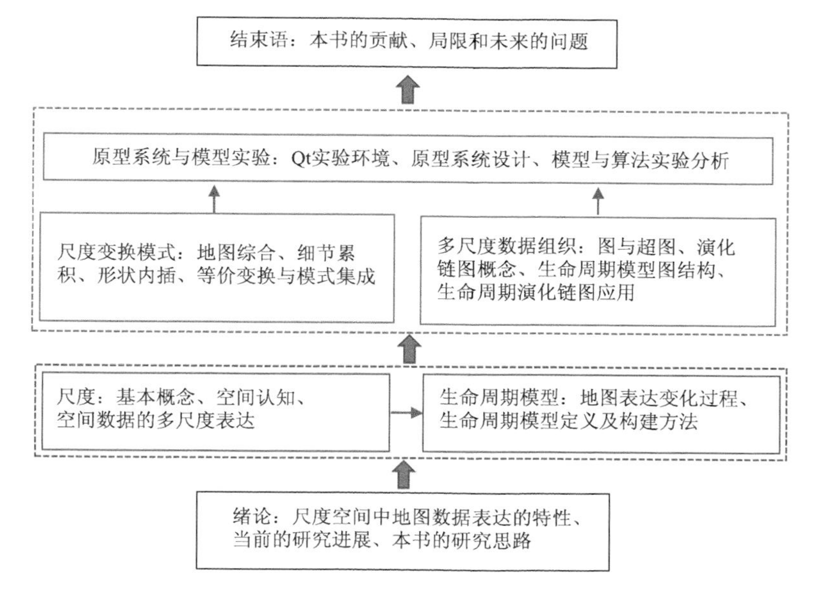

图 1-9　本书章节内容之间的关系

第 5 章，运用图结构实现了对大跨度尺度范围内空间数据多重表达过程的有效描述，以图的节点表示 GIS 数据的表达状态，以图的链边表示 GIS 数据的尺度变换关系，不同类型节点和链边的组合可以表达不同的尺度变换模式。

第 6 章，基于 Qt 和 C++开发环境，设计实现生命周期模型原型系统，从物理层次对所提出的模型、算法进行程序开发与实验验证。

第 7 章，总结本书的工作及局限，并给出未来的研究方向。

1.5　本章小结

多尺度空间数据模型是多尺度空间数据库设计的结构性基础，好的数据模型不仅能节省数据量，而且能动态派生粒度精细的多重表达、支持增量式数据更新。本章分析了尺度空间中地图数据多重表达的特征，介绍了当前多尺度数据模型的研究进展情况，总结了多尺度数据模型研究中所存在的问题及未来的发展趋势，基于大尺度空间内 GIS 数据多尺度表达所要求的动态性、连续性等特征，从数据模型、数据操作和数据组织等角度提出了本书的研究思路与方法，最后给出了本书的组织框架。

第 2 章　尺度的空间认知与表达

尺度是地图学和地理信息科学的核心概念之一，它对空间数据处理、可视化、分析和解释的方式均有影响，顾及尺度特征是有效地理解和处理地理信息数据的关键。自 1987 年以来，关于尺度的文章不断涌现，而尺度至今仍然是地理信息领域的热点问题。正如 GoodChild 和 Quattrochi 所说，尺度是一个模糊而多义的词语，对空间数据进行多尺度表达、分析和变换，如果不理解尺度的含义，不明白尺度的效应，则表达、分析和变换的结果往往产生谬误（Turner et al.，1989；Danielle，1999；李志林等，2018，2021，2022）。本章试图澄清地理信息科学中尺度概念的内涵、外延、类别以及尺度效应，以作为指导空间数据尺度变换和多尺度表达的理论基础。

2.1　尺度的基本概念

在自然、社会现象中，尺度的概念无处不在，其基本含义是研究对象的大小、范围、级别、等级、标度等量度，与层次、水准、分辨率、构架、细节等概念相关。例如，在城市规划中，有总体规划、分区规划、详细规划之分；在军事指挥中，有战略、战术、战役之分；在社会法律中，有国家法律、地方性法规之分；在地理、水文、生态、环境等地学相关科学领域，有全球尺度、区域尺度、国家尺度和地方尺度之分；等等。据《牛津词典》的定义，尺度含义的来源主要有两个：一是古老的挪威语词根 skal，意为通过物体配对法来测量物体的重量；二是拉丁语词根 scala，意为通过数步子的方法来测定物体的长度。基于这两个来源，一般意义上尺度的概念包含对物体重量和大小的测定及测量方法的含义。

在地学及其相关的学科中，尺度是一个最模糊、最多义的词语，在不同的背景下它有不同的含义（GoodChild and Quattrochi，1997），它就像宗教中的上帝一样无处不在（李志林，2005）。地学上的尺度是指自然过程、人文过程或者观测研究在空间、时间及时空域上的特征量度（李双成和蔡云龙，2005）；在水文学中，尺度是指水文过程及其观测或模拟的特征时间或特征长度；在景观生态学中，尺度概念有两方面的含义：一是粒度（grain size）或空间分辨率（spatial resolution），表示测量的最小单位；二是范围（extent），表示研究区域的大小（吕一河和傅伯杰，2001）。

在测绘地理信息相关学科，尺度概念涉及以下多个术语。

（1）数据分辨率：指的是数据中包含的或可辨别的最小目标或要素，它涵盖了数据的精细程度和详细度。高分辨率数据包含更多细节，低分辨率数据提供更广泛但可能缺乏细节的覆盖范围。数据分辨率尺度直接影响数据的精确性和数据量。

（2）地图比例尺：地图比例尺表示地图上的距离与实际地球上的距离之间的比例关系。地图有大比例尺（详细）、中比例尺或小比例尺（概览）。

（3）空间范围尺度：指的是研究或观察的地理区域的大小。从小范围的城市规划到大范围的区域或全球研究，不同尺度的空间范围可用于不同的目的。

（4）时间尺度：时间也可以被视为一种尺度，因为地理现象随着时间的推移可能会发生变化。时间尺度表示时间的长短以及频率，可以包括短期事件和长期趋势，常用于分析动态地理现象。

（5）感知尺度：指的是人们感知和理解空间信息的尺度。不同个体或群体可能会以不同的感知尺度来解释和理解地理信息。

（6）分析尺度：指的是用于研究和模拟地理现象的数据及模型尺度，包括选定特定的尺度进行研究和建模，以获得有关现象的洞见。

（7）尺度效应：尺度效应是指不同尺度下地理现象可能表现出不同的特性，如较小尺度下可能存在的微观效应和较大尺度下可能存在的宏观效应。

（8）多尺度分析：指的是在不同尺度下应用不同的方法和工具，对数据和现象进行分析，以获得对研究对象全面的理解。

由以上内容可见，在地理信息科学相关领域，尺度概念超出了地图比例尺或者说距离比率的意义，包含“抽象程度”的意义，从认知科学的观点，它体现了人们对空间事物、空间现象认知的深度与广度。在空间认知中，人们对现实世界的感知范围是有限的，认知能力是有限的，也即人们的心理模型大小是一定的。另外，地图和 GIS 对空间数据的表达能力也是有限的（浮点运算、栅格大小、显示设备幅面、地图的载负量等），表达的信息内容必须经过采样、选取、概括等过程，还需要尺度来控制该过程。地理信息科学的尺度超出了传统的比例尺概念，为了能系统地理解尺度的本质，有必要澄清尺度概念的内涵和外延，并对其进行分类。

2.1.1　尺度概念的内涵

地理信息科学中尺度的内涵是指用于刻画尺度的构成要素，它主要包括：广度、粒度和频度三个基本成分（李霖和应申，2005；刘凯等，2008；艾廷华和张翔，2022）。广度是指现象覆盖、延展、存在的范围、期间或领域，它可以用区域面积、时间长短、语义层次等来量度。粒度是指对现象记录、表达的最小阈值（大小、特征的分辨率），在地理信息分析中被看作是像素的大小、地理目标或细节层次的分辨率、空间数据的认知层次等。频度是指对现象观测时采样、选取的频率，如相邻采样之间的时间长度（也指地理现象发生的时间间隔）、单位空间或时间内采样、表征的地理要素的多少（图 2-1）。

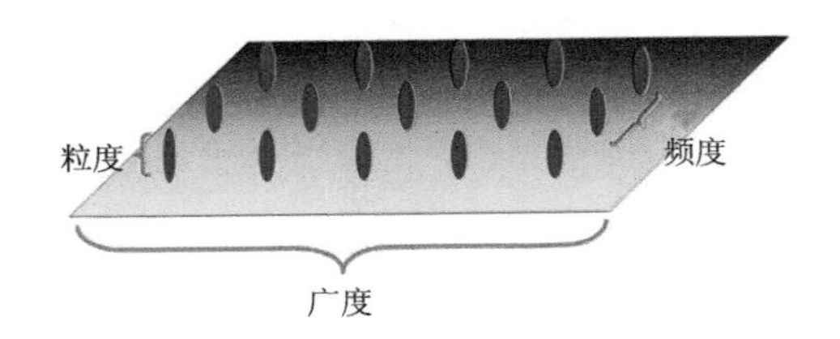

图 2-1　尺度概念的内涵

受认知能力、认知容量以及表达能力的限制，人们在观察大范围时只能获取低分辨率下的大的、突出的、主要的目标，在观察小范围时则可以获取高分辨率下的小的、不重要的目标。粒度与广度变化呈线性关系，粒度可以定义为广度的 $1/n$、例如，ArcGIS 中将线目标两点间的最小距离阈值确定为图幅范围的 1/1000 或其他百分率。

2.1.2　尺度概念的外延

在地理信息科学中，对地理现象的描述基于三个不同的角度：语义、空间和时间。地理信息无论以何种介质来表示，都要表示地理事物，现象的时间特征、空间特征以及地理实体本身区别于其他地理实体的语义特征。因此，地理信息科学中尺度的外延包括空间尺度、时间尺度和语义尺度，这一点在学界基本取得共识，如图 2-2 所示。

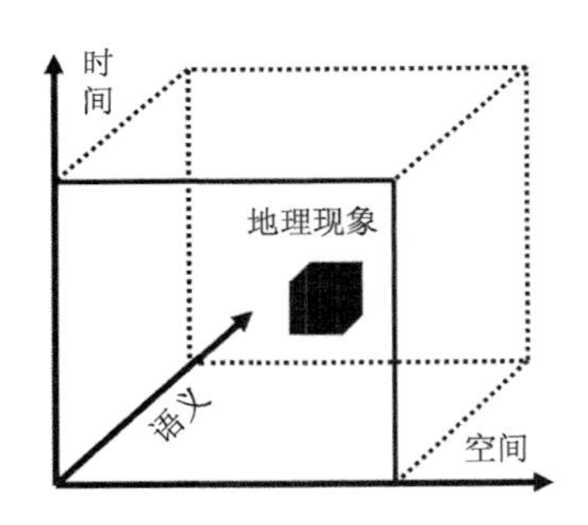

图 2-2　尺度概念的外延

时间、空间和语义三种尺度在维数上表现为相互独立的三轴，但又有一定联系。在某些物理、生态现象研究中，空间尺度相对于时间尺度的变化是一相对稳定值（特征速率）。一般来说，大范围现象的变化速率（频率）低，而小范围现象的变化速率（频率）高；语义层次分辨率越高，其对应的空间分辨率越高；反之，语义层次分辨率越低，其对应的空间分辨率也越低。将尺度概念的内涵与外延结合起来考虑，可以得到一个笛卡儿乘积（广度、粒度、频度）×（空间、时间、语义）（艾廷华和张翔，2022），如图 2-3 所示。

$$\begin{array}{c} \\ 广度 \\ 粒度 \\ 频度 \end{array} \begin{array}{c} \begin{array}{ccc} 空间 & 时间 & 语义 \end{array} \\ \begin{pmatrix} a_{11} & a_{12} & a_{13} \\ a_{21} & a_{22} & a_{23} \\ a_{31} & a_{32} & a_{33} \end{pmatrix} \end{array}$$

图 2-3　尺度概念的笛卡儿乘积

矩阵中的每一个元素都有其特定的含义。其中，a_{11} 表示地理实体在空间覆盖的范围，延展的长度（空间广度）；a_{21} 表示地理实体被表达、被记录的最小尺寸（空间粒度）；a_{31} 表示地理现象采样的空间间隔（空间频度）；a_{12} 表示时态现象在时间域上存在或被表达的范围（时间广度）；a_{22} 表示动态现象被表达、被记录的最小分辨时间段（时间粒度）（闪烁时长）；a_{32} 表示周期性时态现象采样的时间间隔（时间频度）（闪烁间隔时长）；a_{13} 表示地理实体属性所覆盖的分类体系范围（语义广度）；a_{23} 表示地理实体语义分类达到细分层次（语义粒度）；a_{33} 表示地理现象分类的语义间距（语义频度）。

该尺度矩阵模型涵盖了地学不同学科、行业、领域的尺度概念，如地理研究中表述的“全球尺度”“流域尺度”“县域尺度”“1000 年尺度”“50 年一遇”“万年级别”“国家法律与地方性制度”等为尺度的广度概念（空间大小、时间长短、语义范围）。地图学与地理信息技术中“多尺度表达”“细节层次”“战略战术意义”则对应着尺度的粒度概念（层次细节）。尺度的频度概念对应着周期性、重复性现象的描述，褶皱地貌、河流的弯曲摆动具有周期性变化的空间特征，水位的季节性变化、河床的沉积物等则是周期性变化时间特征的体现。关于语义的周期性变化，难以在实际的地理现象中找到直接的案例，但通过间接转化，将语义信息转化为向量空间的波形曲线后，基于傅里叶、小波变换可提取其周期性变化特征。在知识图谱、深度学习模型中充分利用语义信息的词向量，建立语义距离的计算、语义关系推理，便涉及了语义信息的频率度量问题。

尺度矩阵中关于粒度这一行的 3 个指标在 GIS 研究中具有重要意义。GIS 中的尺度变换实质上是指粒度的变换，即地理现象、地理事件、地理过程在空间粒度、时间粒度、语义粒度上的变换。粒度有高分辨率与低分辨率之分，这样尺度变换具有两种形式：一是从高分辨率到低分辨率转化的尺度变换；二是从低分辨率到高分辨率转化的尺度变换。

在外延上，空间、时间、语义三维度是独立描述地理实体现象的信息特征，但相互间又有特定的关联，集中表现在粒度上。在GIS尺度表达上，时间粒度与空间粒度具有相似的变化趋势，即粗粒度的空间特征对应着粗粒度的时间特征，反之亦然。这是由于时空现象演化中大范围的变化慢（地质构造板块的移动），小范围的变化快（轨迹线表达的车辆行驶）。语义粒度与空间粒度同样具有一定的关联。在地理现象分类特征上，高层次语义特征对应大的空间范围，精细层次则对应小的空间范围，在土地利用图表达上对比分析用地类型等级与图斑大小、破碎化关系就会发现两者的匹配趋势。基于语义与空间在粒度层次上的匹配关系，可以实施相互间的映射，将抽象的语义层次特征映射为形象的空间可视化表达，即隐喻地图的表达。隐喻地图的表达的实质体现了非定位语义信息的空间化，而语义粒度与空间粒度的匹配则控制着两者的转换过程。

2.1.3　尺度的分类

有关尺度分类体系的探讨是尺度相关主题中研究较多的内容，不同的学者提出了不同的分类方法，如Lam 和 Quattrochi（1992）把尺度分为时间尺度、空间尺度和时空尺度，其中，空间尺度又包含三重含义，空间范围大小、制图比例尺以及地理现象的运行范围；空间域上至少有四种不同含义的尺度，即制图尺度、地理（操作）尺度、运行尺度、测量尺度；李霖和吴凡（2005）则将尺度框架分为空间尺度、时间尺度和语义尺度，这实质是尺度外延的框架。

从现象的存在、认知表达到分析应用，可以将尺度分为：本征尺度、观测尺度和分析尺度（刘凯等，2008；艾廷华和张翔，2022）。

1. *本征尺度*（intrinsic scale）

本征尺度是关于现象本身的概念，指的是地理现象的固有尺度，反映了数据或现象的内在特性，也叫地理尺度或者现象尺度。其隐含的语义是地理实体、现象所固有的、本质的大小、范围、频率（周期性现象）等自然特性，无关于采集或观测，属于本体论的概念。本征尺度是地理现象的固有性质，反映了地理现象的自然特性，与现象的空间变异性、时空模式和地理过程的特定尺度相关。本征尺度有局部和全局尺度之分，通常包括局部尺度和全局尺度，局部尺度指的是现象在其本身的小尺度范围内的特性，而全局尺度涉及更广泛的范围。本征尺度是尺度依赖性的内在决定因素，地理现象的特性通常是尺度依赖的，即在不同尺度下表现出不同的性质，它决定了现象如何随尺度的变化而变化。对本征尺度的理解有助于把握地理现象在不同尺度下的特性和行为。

本征尺度概念对于资源管理、环境科学、生态学、地理统计学、城市规划等各种领域的研究和决策制定都具有重要意义，它强调尺度依赖性，使研究人员能够更好地适应不同尺度的数据和问题，并提供更准确的地理分析和建模，有助于更好地理解和描述地理现象的特性。

2. 观测尺度（observational scale）

观测尺度是一个关于数据采集的概念，通常指数据采集或观测地理现象时所使用的尺度或分辨率。它关注的是数据的获取和测量，可通俗地理解为用一定分辨率、一定范围大小的尺子去量测地理实体与地理现象，是对地理现象（实体）采样、测量、观察时所依据的规范和标准，包括取样单元大小、精度、间隔距离和幅度，它受测量和观测仪器的制约。观测尺度表现为数据采集精度或分辨率。更高的观测尺度通常意味着更详细和精确的数据采集方法；观测尺度也包括数据的分辨率，即数据集中每个像素、数据点或单元所代表的地理空间范围，高分辨率数据具有更小的空间单元，能够捕捉更多的细节。观测尺度与数据来源有关，不同来源（如遥感影像、传感器、地面观测等）的数据，受采样软硬件环境的约束，往往具有不同的观测尺度。观测尺度受观测目的影响，观测尺度通常是基于观测目的而选择的，不同的观测目的和应用场景需要不同的观测尺度，如某些问题可能需要更多的细节，而其他问题可能仅需较粗略的信息。

观测尺度对地理数据的质量和适用性具有重要影响，在地理信息采集和分析中，应选择适当的观测尺度以确保数据的准确性和可靠性。同时，观测尺度也需要与后续分析的尺度相匹配，以确保数据在不同尺度下的一致性和有效性。

3. 分析尺度（analytical scale）

分析尺度是关于数据分析和解释的概念，通常指研究和分析地理现象时所选择的尺度或空间范围。它是问题导向的，取决于研究问题和分析目的，当数据观测尺度与认知目的不匹配时，可通过对初始信息进行尺度变换来达到认知规律的目的。因此，分析尺度可以认为是数据后加工处理、分析、决策、推理所采用的尺度。分析尺度有助于确定在哪个尺度下研究数据以获得有意义的结果。不同的研究问题和分析目的需要在不同的尺度下研究地理现象。例如，城市规划需要在城市范围内进行，而生态系统研究可能需要考虑更大范围的生态区域。分析尺度具有尺度效应，地理现象通常表现出尺度效应，这意味着在不同尺度下可能出现不同的特性。因此，选择适当的分析尺度有助于更好地理解这些效应。对于尺度效应来说，多尺度分析是有益的，研究人员通过在不同尺度下研究地理现象，可以获取对研究对象更全面的理解。分析尺度具有空间模型适应性，选择适当的分析尺度还与所采用的空间模型和分析方法有关，不同的模型和方法适用于不同尺度的数据和问题。在空间规划、资源管理、城市设计和政策决策等领域，选择与分析尺度相匹配的决策模型对于科学决策的制定至关重要。

综上所述，三种尺度各不相同又相互联系。本征尺度反映了地理现象的固有特性，它不依赖于观测或数据手动采集。观测尺度是数据采集、观测时采用的尺度，通常需要考虑本征尺度，以确保数据的合适性和准确性。分析尺度是问题导向的，它涉及选择适当的尺度来研究和分析数据以解决特定问题。分析尺度可能会受到本征尺度和观测尺度的影响，但它主要关注如何使用数据进行分析和解释。现象尺度是本征尺度，而测度尺度、分析尺度是表征尺度（认知尺度）。只有观测尺度与本征尺度一致，才能正确量测、描述地理现象。如果以“光年”为度量单位来量测海岸线的长度，则结果为零；如果以“纳米”为度量单位，则结果为无穷大。综合来说，这些尺度之间的关系强调了在地理信息分析和研究中需要考虑尺度的重要性，选择适当的观测和分析尺度有助于确保数据的有效性和结果的可解释性。

2.2　尺度的空间认知

人类对地理现象、过程和规律的研究是定义在对自然环境的感知之上的。地图作为地理学的第二语言，它本质上是充满着人的认知的客观世界，是对空间结构、空间要素和现象认识理解的图形表示。尺度是地理和空间认知的重要影响因素，尺度的变化会影响信息被观察、表达、分析和传输的详细程度，并最终影响人类认知。如果改变数据的尺度，而不首先了解改变尺度将产生的效应，会使有关现象和过程的表达难以达到预期的效果。地理信息尺度对空间认知的影响体现在 4 个方面，即尺度效应、尺度依赖性、尺度不变性和尺度一致性。

2.2.1　尺度效应

尺度效应是一个广泛应用于自然科学和社会科学领域的概念，用于描述当观察或研究的尺度发生变化时，现象或问题如何随之发生改变的规律。研究表明，相同的现象或问题在不同的尺度下可能表现出不同的特征或规律。因此，尺度效应对于准确分析和解释复杂系统及现象非常重要。尺度效应在许多领域中均有体现，包括地理学、生态学、气象学、经济学、社会学和自然科学等。

典型的尺度效应包括：空间尺度效应，当研究地理空间时，不同的尺度可以揭示不同的地理模式。例如，气象学家可以在不同空间尺度下研究气候变化，从小尺度的气象站数据到全球尺度的气候模型。生态学中的尺度效应：生物多样性和生态系统功能在不同尺度下展现不同的关系，如小尺度上的微观过程可能在大尺度上产生不同的生态模式。经济学中的尺度效应：在经济学中，尺度效应可以涉及市场规模、产业生产规模和国际贸易等方面，不同尺度下的经济活动可能导致不同的经济现象。社会学中的尺度效应：社会学家研究社会现象时，也要考虑尺度效应，社会现象在不同地理尺度或社会尺度下表现出不同的特点。研究者在选择合适的尺度和分析方法时需要考虑尺度效应，以确保他们的研究能够准确反映现实世界的复杂性。尺度效应是一种客观存在且用尺度表示的限度效应。例如，一张三寸的照片影像很清晰，但放大到一尺时影像反而模糊了。在地理信息科学中，尺度效应无处不在，对于任何地理现象，当对其观察的尺度发生变化时，现象所呈现的结构模式和过程变化都可能发生较大的变化。

对于空间数据而言，尺度效应与空间分辨率、空间自相关、空间平滑和空间认知等密切相关。尺度效应与空间分辨率直接相关，较低的空间分辨率无法捕捉到细小的地理特征和变化，较高的空间分辨率则可以提供更详细的信息。因此，在分析空间数据时，需要考虑选择适当的空间分辨率，以确保所研究的现象能够得到充分的表达。尺度效应影响空间自相关，在较小的尺度下，地点之间的相关性可能更强，而在较大的尺度下则变得较弱。这种自相关性对于地理现象的解释和建模非常重要，它可以直接影响统计分析和空间模型的结果。在较大的空间尺度下，数据往往表现出更加平滑的趋势和模式，而在较小的尺度下可能会出现更多的噪声和细节。这种平滑效应可以在空间插值和趋势分析中发挥重要作用。从认知的角度，尺度的限度效应与认知的水准和能力密切相关，大尺度下的空间包含较多的地理目标、较复杂的地理现象，只有重要突出的地理目标才能得以表达，而对于小尺度空间，一般性的地物目标都可以表达。

从哲学的角度，地理信息的尺度效应表现为信息的抽象，这与欧氏几何中的尺度效应是不同的。在欧氏几何学中，可以通过缩放目标而改变比例尺，但在地理信息科学中，尺度的变换是基于认知抽象原理的，是以信息综合为基础的。它不是简单的几何图形缩放（graphic zoom），而是内容缩放（属性层次随尺度变化，content zoom）或者智能化、自适应的缩放（intelligent zoom）。如果不考虑地理信息的尺度效应，简单的比例尺缩放将会带来表达的模糊和认知的谬误。图 2-4 和图 2-5 是一对典型的例子，前者无视尺度效应，带来了表达的混淆和认知的混乱；后者基于地图综合的尺度缩放，其表达清晰、认知合理。

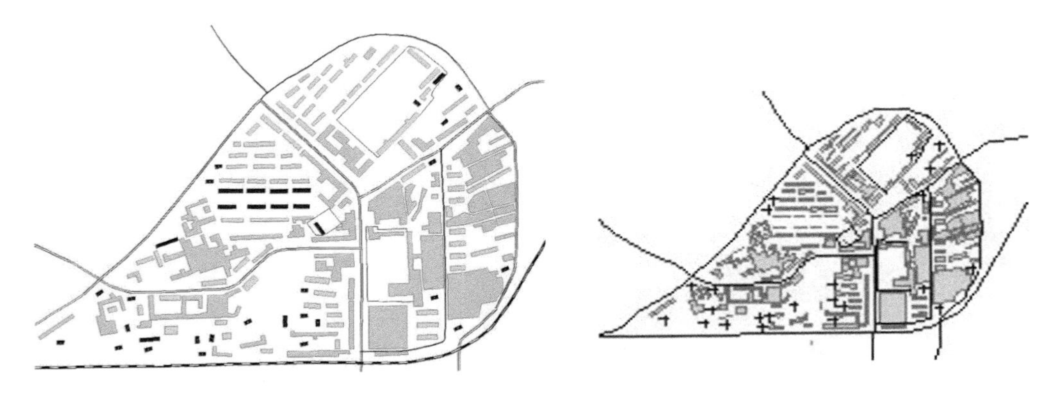

图 2-4　无视尺度效应的尺度缩放

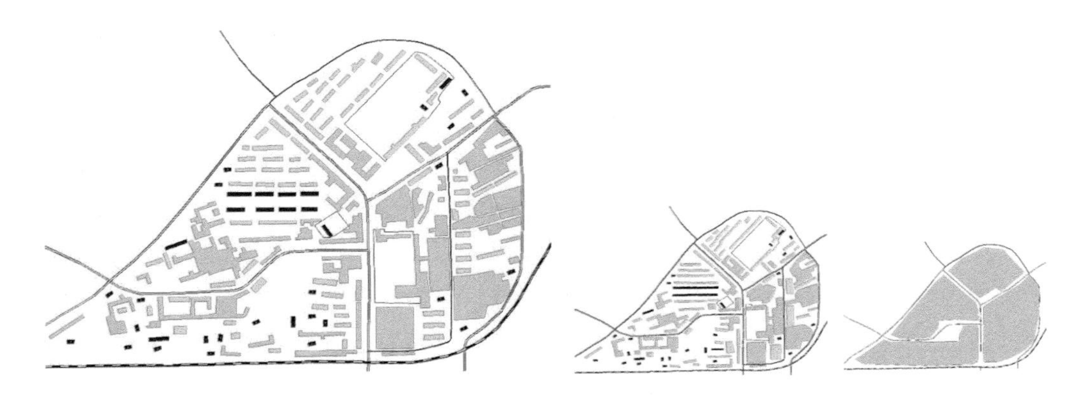

图 2-5　基于地图综合的尺度缩放

2.2.2　尺度依赖性

尺度依赖性（scale dependency）是空间实体或现象的性质、模式或特征在不同空间尺度下发生变化的现象。相关研究表明，地理现象的空间格局和过程是尺度依赖的，即地理现象的性质、分布、关系和趋势会随着观测或分析的尺度变化而发生变化，在不同的时间和空间尺度上占主导地位的格局和过程是不同的，这种尺度依赖性具有两个方面的含义：一是地理现象本身具有尺度依赖性，二是观察和分析过程具有尺度依赖性。在生态学中，尺度依赖的一个基本现象是，小尺度上的表现为异质性的现象在大尺度上则有可能表现为空间同质性。对于地理现象则存在类似的规律，正如邬建国（2000）所说"地理现象和规律只在一定的尺度出现，超出这个尺度，该现象和目标就不存在"。与此同时，在地理信息获取、处理、分析和表征的每一个环节都要受到尺度的控制，其经典理论如著名的"可变面元问题"（MAUP）（Openshaw, 1983），其描述了空间现象和规律的尺度依赖性。

尺度依赖性对于地理信息系统、地理空间分析、地理统计学和地理模型等研究非常重要，它提醒人们需要谨慎选择适当的尺度来观察、分析和模拟地理现象。考虑到地理现实和观察过程的双重尺度依赖性，人们为了更精确地观察和分析地理现象，分析尺度必须和现象尺度（空间的、时间的、专题的）相对应。在地理信息科学研究中，至少包含三个方面的尺度依赖性，即空间尺度依赖性、时间尺度依赖性、语义尺度依赖性（李霖和吴凡，2005；刘凯等，2008；李霖和应申，2005；应申等，2006）。

在空间上，尺度依赖性强调了地理现象的复杂性和多样性，地理现象的分布和模式在不同尺度下表现出不同的特征。例如，城市中的建筑物分布在较小尺度下可能显示出细粒度的规律，而在较大尺度下可能显示出更模糊的模式。地点之间的空间关联性可以在不同尺度下表现出不同的强度和方向，某一地点的特征可能在较小尺度下与其邻近地点高度相关，但在较大尺度下则相关性减弱。地理现象的变异性（即不同地点之间的差异程度）在不同尺度下也有所不同，某些地点之间的差异在较小尺度下可能更为显著，而在较大尺度下则更为平稳。

在时间上，地理现象通常是与地球表面和地球系统相关的，这些现象和过程在不同时间尺度下表现出不同的特征和规律，体现为长短期变化和季节性变化等。地理现象和过程在长期和短期内通常会有不同的变化模式。例如，气候变化是一个长期过程，需要数十年甚至数百年才能观察到明显的趋势。相比之下，天气变化是一个短期过程，每天和每周都会发生变化。土地使用和土地覆盖变化通常在长期和短期内都会发生变化，城市扩张和森林砍伐是长期土地使用变化的例子，而季节性农业实践可以导致短期土地覆盖的变化。季节性是地理现象的一个重要时间尺度，会影响天气、植被、动物迁徙和农业等。不同季节地理现象和过程的特征会发生明显变化，这种季节性是时间尺度依赖性的一个明显例子。理解地理现象、过程和规律的时间尺度依赖性需要考虑不同的时间尺度，从秒级的事件到几百年的长期趋势，以便更好地理解地球上发生的各种现象和过程。

在语义上，语义尺度依赖性体现为不同尺度下对于特定概念、事物、现象或规则的理解和描述方式的不同。这种依赖性与语言和语义有关，因为不同的尺度可能导致不同的语义表达方式和描述。同一概念或现象在不同尺度下可能会有不同的语义表达方式。例如，一座山在较小尺度下被称为“山峰”，而在较大尺度下可能被称为“山脉”。不同尺度下的语义表达方式会涵盖不同的特征、细节和属性，较小尺度下的描述更详细和局部，而较大尺度下的描述则更加综合和整体。在地理信息科学中，不同来源的数据可能在不同尺度下使用不同的术语和描述方式，这将导致理解和协作上的混淆和误解，语义尺度依赖性对于空间数据的集成与融合大有裨益。

2.2.3　尺度不变性

尺度不变性（scale invariance）是指某个现象或系统在不同尺度下具有相似的特性或统计分布的性质。具有尺度不变性的现象在不同尺度下显示出相似的模式、关系或统计规律，这意味着将观察尺度缩放或放大时，现象的性质保持不变或呈现出某种形式的相似性。尺度不变性的一个经典例子是分形几何中的科赫雪花（Koch snowflake），这是一个具有分形特性的数学图案，无论是观察整个科赫雪花还是它的一小部分，它的形状都是相似的。

尺度不变性经常表现为在不同尺度下统计分布的相似性。例如，某些自然现象的分形结构显示出在不同尺度下统计特性的自相似性。尺度不变性与幂律分布相关联，在幂律分布中，某些变量的概率分布与其取值的大小呈幂律关系，这意味着在不同尺度下都可以观察到相似的分布模式。自相似性是尺度不变性的一个重要方面，它表示系统的一部分在不同尺度下都具有相似性，如分形结构，用于描述复杂自然和物理现象的结构。

地理信息科学中的尺度不变性具有三个方面的含义：空间、语义和时间特征的表达在一定的限度范围内相对稳定；时间-空间、空间-语义、时间-语义的匹配关系相对稳定；广度范围与粒度大小的比率相对稳定。

空间、语义和时间特征的表达在一定的限度范围内相对稳定。这种稳定性是基于表达和认知的近似性的，人们对地理现象的认知总是在一定抽象过程的基础上完成的，需要进行“去粗取精、去伪存真、由此及彼和由表及里”的思维加工。近似和抽象程度以满足认知的需求为基本准则。实际上，对于某类地理现象的认知和表达通常具有一些基本的模式，如人们对于河流的基本映像是双线河或者单线河，只是随尺度的不同，表达的细节程度略有不同。这种相对稳定的基本模式即构成了地理现象空间、语义和时间特征表达的相对稳定性。

时间-空间、空间-语义、时间-语义两两之间的组合关系不随尺度变化而变化，具有相对固定性。这种稳定性比较容易理解，对于时间-空间组合而言，指的是空间特征在一定的时间变化限度内相对稳定；对于空间-语义组合而言，指的是语义特征在一定的空间变化限度内相对稳定，典型的例子如黄河改道现象，在改道的过程中其空间特征发生了变化，但语义特征依然是黄河；对于时间-语义组合而言，存在与空间-语义组合类似的情况。

广度范围与粒度大小的相对比率不随尺度变化而变化，具有相对固定性。这一点也不难理解，表达的范围越大，其表达的粒度越粗；反之，表达的范围越小，其粒度肯定越精细。换句话说，广度与粒度的比例是相对稳定的。

尺度不变性在自然界、物理学、地理学和分形几何中都有应用。它可以用于描述自然界中的复杂结构和模式，包括地形地貌、河流网络、植被分布、城市模式等，从而帮助人们发现潜在的模式和规律。尺度不变性的概念也在图像处理、信号处理和统计学等领域中有广泛应用，有助于分析和建模具有多尺度性质的数据和现象。

2.2.4　尺度一致性

尺度一致性（scale consistency）指的是在不同地理尺度下，地理数据或地理现象的表现和描述方式保持一致，即数据或信息在不同尺度下的测量、表示和解释逻辑上是协调一致的，以确保数据在不同尺度下的可重复性和可比较性。同时，尺度一致性考虑到地理尺度的比例变化，在不同尺度下，距离、面积、体积和其他地理属性的比例可能会发生变化，但这种变化应该是可预测和可控的。

尺度一致性意味着无论观察地理数据的大范围区域还是小范围区域，数据的描述和表现方式应该是相同的，以确保不同尺度下的数据是可比较的。这对于空间分析、决策制定和规划是至关重要的，因为它确保了人们能够基于相同的信息进行不同尺度的分析。尺度一致性还涉及数据在不同尺度下的逻辑一致性，即不同尺度下的数据表示方式应该协调一致，以确保数据解释的一致性。尺度一致性还考虑到地理尺度的比例变化，在不同尺度下，距离、面积、体积和其他地理属性的比例可能会发生变化，但这种变化应该是可预测和可控的，这涉及地理坐标的变换和投影，以确保数据不会出现失真或失真可以被控制。

尺度一致性的应用范围涵盖了多尺度分析，通过维护尺度一致性，可以将数据从一个尺度平滑地转换到另一个尺度，以支持不同类型的研究、规划和应用，这有助于解决从微观到宏观不同尺度层次的空间问题。尺度一致性还在不同数据集之间起到了重要作用，当人们将不同来源的地理数据整合到一个统一的框架中时，尺度一致性确保了数据之间的一致性和可比较性，从而支持更准确的分析和综合。

从三类尺度的划分来看，尺度一致性表现为表征尺度与本征尺度的一致性，时间尺度、空间尺度及语义尺度相互之间的一致性，以及表达与认知尺度的一致性。显然，要获得对地理现象正确的认知与表达，这些一致性是必要的前提。尺度一致性的实现可以通过使用标准化测量单位、数据转换技术、空间插值和数据一致性检验等方法来实现。尺度一致性是地理信息科学中的基本原则，它确保了地理数据和信息在不同尺度下的一致性，促进了跨尺度的分析和决策制定，以应对各种空间问题。通过维护尺度一致性，能够更好地理解和利用地理数据，从而更好地应对不同尺度下的地理挑战。

2.3　空间数据的多尺度表达

由于地球表面的无限复杂性，人们不可能观察地理世界的所有细节，地理信息对地球表面地理现象的描述总是近似的（UCGIS，1996）、是经过了抽象和取舍的。但是，如 2.2 节所述，地理学研究对象的格局与过程等特性都是尺度依赖的。也就是说，这些对象表现出来的特质是具有时间和空间抑或时空尺度特征的，只有在连续的尺度序列上对其考察和研究，才能把握它们的内在规律。这就要求对空间数据进行多尺度表达和展示，以期获得对空间格局和过程的整体把握。从认识论的角度，表达既是认识的结果又是辅助再认知的工具；从 GIS 的角度，多尺度表达是尺度变换的产物。

2.3.1　多尺度表达是层次性空间认知的结果

空间认知（spatial cognition）是指人类和其他生物在处理空间信息时的认知过程和能力。它涉及如何感知、理解、表示和利用空间中的信息和结构，以进行导航、定位、决策和行为规划等活动。空间认知研究关注个体如何构建和使用关于环境空间的认知模型，以及如何将这些模型应用于日常生活中的各种任务。空间认知的目的在于揭示地理客观世界在人们大脑中如何建立空间概念，是空间目标大小、形状和方位以及空间关系等在人脑中的反映，是地理学与心理学的结合，是一种认知图形/像，并运用图形/像在头脑中的心像进行图形操作的能力，它包括对空间地理信息的知觉、编码、存储、记忆和解码等一系列心理过程。人类的空间认知具有两个基本特性，即近似性和层次性。

首先，空间认知具有近似性。人们对地理空间的认知总是在一定抽象过程中完成的，需要进行“去粗取精、去伪存真”的思维加工。对于复杂的现象，首先要进行某种目的的选择与分类，这是一个从感性认识到理性认识的抽象过程。与此同时，对于无限复杂的地理现象，人们不可能认知其所有层次的细节，往往是在大脑中形成一个概括性的映像，如地铁、公交等的示意性路线图，就是经过高度概括的认知结果。从认识论的角度，抽象与概括揭示着事物的本质，而抽象与概括的程度就反映了人们对地理空间认知的近似程度。

其次，空间认知具有层次性。人类对客观地理世界的认知是分层次的，所进行的空间分析具有很强的层次性。层次结构是认知科学的基础，人类有层次地排列信息，并且用层次性方法进行推理。层次化（hierarchization）是人类对世界建模的一种主要概念化方法，以便在最高的层次上推理知识。人类通过信息的抽象来构建层次结构，也就是说，借助排序好了的信息分类来建立层次结构。对于空间数据而言，其层次结构的建立有三种方法（Timpf, 1999）：聚合法（aggregation）、概括法（generalizing）和滤波法（filtering）。

由于人类空间认知的近似性和层次性，对空间数据的表达也具有近似性和层次性，将这种层次性空间认知的结果按尺度索引存储起来，就构成了空间数据的多尺度表达。

2.3.2　多尺度表达是辅助空间认知的工具

多尺度表达在地理信息科学和空间认知研究中具有重要意义，它是一种有力的工具，可以帮助人们更好地理解和利用不同尺度的空间信息，从而增强空间认知。尺度感知是人类空间认知的重要组成部分。人们在感知和理解空间环境时，往往需要适应不同的尺度。以出行目的地的认知为例，人们在不同情境下需要不同尺度的地理信息。对于省际间的导航，人们可能会使用 1∶30 万至 1∶100 万的地图来规划大致的路线。而在城市间的导航中，需要 1∶5 万至 1∶20 万的地图，以便找到停车点和行车路线的出入口。而在城市内游览时，1∶1 万至 1∶3 万的地图可以为车辆行驶提供最详细的路径引导信息。多尺度表达的概念就是通过不同尺度的数据表达，帮助人们更好地理解和应对不同尺度的空间信息需求。

多尺度表达辅助空间认知和地理信息处理。多尺度表达可以用于展示空间信息的不同层次或细节级别。通过将地图、图像或其他可视化数据从较大尺度缩放到较小尺度，人们可以更好地理解环境的整体结构和局部细节。这有助于更全面地理解地理现象和地理空间。多尺度表达提供了上下文信息，帮助人们理解不同尺度的空间信息之间的关系。在地图或导航应用中，用户可以缩放地图以查看特定地点的详细信息，然后再放大地图以获得周围环境的上下文，这有助于更好地决策和导航。多尺度表达支持跨尺度导航，使人们能够有效地从全局尺度到局部尺度进行导航。这在现代导航系统中是非常重要的，因为用户需要在不同尺度下获取导航信息，以便安全到达目的地。多尺度表达有助于人们更好地做出空间相关的决策。例如，在城市规划中，规划者可以使用多尺度数据来考虑城市不同层次的发展和规划，从而提高城市规划和决策的质量。

从尺度一致性的角度来看，认知的尺度需要与表达的尺度相一致。一般来说，高层次的认知对应于概略的表达，低层次的认知对应于详细的表达。这两者的尺度必须匹配，否则会出现问题。如果信息过于概略，人们无法满足他们的认知需求，他们可能无法找到需要认知的地理目标及其与背景的关系。相反，如果信息过于详细，人们在认知的过程中可能会受到干扰，导致认知困难。正如 Muller 和 Wang 所指出的，人类的推理是以一种有序的方式对思维对象进行各种层次的抽象，以使自己既看清了细节，又不被枝节问题所干扰。因为“超过一定的详细程度，一个人能看到的越多，他对所看到东西能描述的就越少”（Muller et al., 1995）。因此，在多尺度表达中，信息的呈现应该与认知的需求相匹配，以便实现有效的空间认知。

多尺度表达作为空间认知的辅助工具在地理信息领域发挥着重要作用。它通过适应不同尺度的信息需求，帮助人们更好地理解和应对不同尺度的空间信息。在不同领域的应用中，多尺度表达有助于提高空间认知的质量，并支持空间决策制定。正是通过多尺度表达，人们可以更好地理解和利用不同尺度的地理信息，连接现实的地理空间和地理信息空间，实现有效的空间认知和决策。因此，多尺度表达不仅是一种技术工具，更是一种促进空间理解和利用的重要方法。多尺度表达作为层次性空间认知结果的外在表现，是连接现实的地理空间和地理信息空间之间的桥梁，同时也是人们进行地理信息传输和空间认知的重要手段。

2.3.3　多尺度表达是尺度变换的结果

空间数据的尺度变换是指把某一尺度上所获得的地理信息和空间知识推绎、推测或者演绎到其他尺度上。这种变换过程可以是由小尺度上的详细信息推绎到大尺度上的概略信息，也可以是由大尺度上的概略信息推绎到小尺度上的详细信息。前者称为尺度上推，最典型的莫过于地图综合了，地图综合的本质就是“地理信息变换”（毋河海，2000）；后者称为尺度下推，如空间插值即由粗糙的地理信息推绎出详细的地理信息。地学中常见的尺度转换方法还有图示法、回归分析、变异函数分析、自相关分析、谱分析、分形分析和小波变换等。

从尺度概念的内涵来看，尺度变换包括广度变换、粒度变换和频度变换。在尺度上推的过程中，对应的广度变换是由小范围变到大范围，如由几个观测站的信息推绎出整个城市的天气情况；对应的粒度变换是由高分辨率抽象到低分辨率，如由10m 分辨率的数字高程模型（digital elevation model，DEM）综合出 25m 分辨率的DEM，粒度的变换与广度的变换大概呈线性关系，大范围对应低分辨率，小范围对应高分辨率；对应的频度变换是由密集的采样变化到稀疏的采样。尺度下推则是一个相反的过程，表现为范围的缩小、粒度的精细和频度的增加。从尺度概念的外延来看，尺度变换可作用于时间、空间和语义，也存在上推和下推两种情况。从尺度的分类来看，对现象的观测和分析都对应着某种抽象程度的尺度变换。

尺度变换以尺度的空间认知为理论基础，如傅伯杰（2001）所说“只讲逻辑而不管尺度的无条件推理和无限度外延，甚至用微观实验结果推论宏观运动和代替宏观规律，这是许多理论悖谬产生的重要哲学根源”。图 2-4 和图 2-5 是一对典型的例子。从尺度变换的角度，对尺度变换的结果按照不同的细节层次分别存储，即构成了空间数据的多尺度表达。理论上，如果尺度变换算法的效率和自动化程度足够高，则只需建立和维护一个最高精度的数据库，在数据检索时实时自动派生小比例尺数据集。但是，目前而言，GIS 中尺度变换（制图综合）自动化的发展远不如人意，为满足不同层次的应用需求，只能以离线的方式实施尺度变换、预先生成多级比例尺数据集，并以一定的结构存储在数据库中。由此可见，尺度变换是建立数据库多重表达机制过程中不可缺少的数据转换工具或手段，无论是实时派生还是预先存储的多比例尺数据集都是用尺度变换的方法生成的。

2.4　本 章 小 结

本章从认知和表达的角度分析了空间数据的尺度特性。尺度是空间数据的重要特征，也是地理信息科学中最模糊、最多义、最难分辨的术语。本章首先介绍了尺度的基本概念，包括尺度的内涵、尺度的外延以及尺度的分类。接着，从认知的角度分析了空间数据的尺度特性，包括尺度效应、尺度依赖性、尺度不变性和尺度一致性，对这些特性的正确认知是实施尺度变换和构建多尺度表达的理论基础。最后，从表达的角度分析了空间数据的多尺度特性，多尺度表达既是层次化空间认知的结果，又是辅助从粗到细、从整体到局部空间认知的有力工具。

第 3 章　尺度空间地图数据生命周期模型

地图数据多尺度表达是一种地图表现和呈现的方法，旨在有效地表示地图信息以满足不同尺度和应用需求。其核心思想是，地图数据在不同尺度下应该能够以适当的方式呈现，以便用户能够获取所需的信息，而不受限于特定尺度。多尺度表达的关键要点包括：多尺度数据处理，地图数据通常包含从宏观到微观不同尺度的信息，多尺度表达旨在处理这些不同尺度的数据，使其能够适应不同的观察需求；平滑尺度变换，以确保在不同尺度之间的无缝衔接，避免在地图缩放或变换时出现不连续或混乱的信息；数据压缩和传输，以便有效地存储和传递不同尺度的地图信息；考虑用户需求，包括专业地理信息系统用户、一般地图用户和特定应用领域的需求。多尺度表达的最终目标是提供更出色的地图用户体验，使用户能够以直观、有效的方式获取所需的地理信息。这对于多个应用领域，如导航、地理信息系统、城市规划、环境监测和地理教育都具有重要意义。多尺度表达的研究和实践有助于提高地图的可用性和适应性，以应对不断变化的需求和技术环境。

当前，多尺度数据库的创建策略主要分为两种，即静态多版本和动态综合派生。静态多版本策略由于数据的存储冗余以及数据一致性难以维护，更新问题显得相对困难。另外，动态综合派生策略虽然在一些情境下更加灵活，但却面临着国际上普遍认为的地图综合难题的挑战，导致在不同要素类型之间的发展不平衡，限制了其实用性。这两种策略的优点和缺点正好互补，一种可行的解决方案是将它们的优势结合起来，构建一个综合性的多尺度数据模型，即生命周期模型。生命周期模型旨在将数据的表达和尺度变换操作融合在一起，以满足多尺度数据管理的各种需求。通过整合静态多版本的数据存储方法和动态综合派生的灵活性，可以提供更全面的多尺度数据处理能力，从而有效地管理不同尺度的地图数据。生命周期模型克服了静态多版本和动态综合派生策略各自的限制，为多尺度地理信息系统的发展提供了新的思路。

3.1　引　　论

尺度概念的外延包括三个方面：时间、空间和语义。广义地讲，地图的多重表达也涉及这三个方面的内容：对于时间而言，表现为多时态表达，如历史地图集；

对于空间而言，表现为多尺度表达，如系列比例尺地形图；对于语义而言，表现为多专题表达，如各种类型的专题图集。在本研究中，为地图多重表达加了一个定语“尺度空间”，这里的尺度空间指的是与时间轴正交的广义度量空间，几何空间和属性空间都是它的子空间。因此，尺度空间地图的多重表达涉及几何的多重表达和属性的多重表达。图 3-1 是一个典型的例子，土地利用图的多尺度表达中，语义分辨率和几何分辨率同时降低或提高，左图用地类型到三级、图斑小，右图用地类型到二级、图斑大。

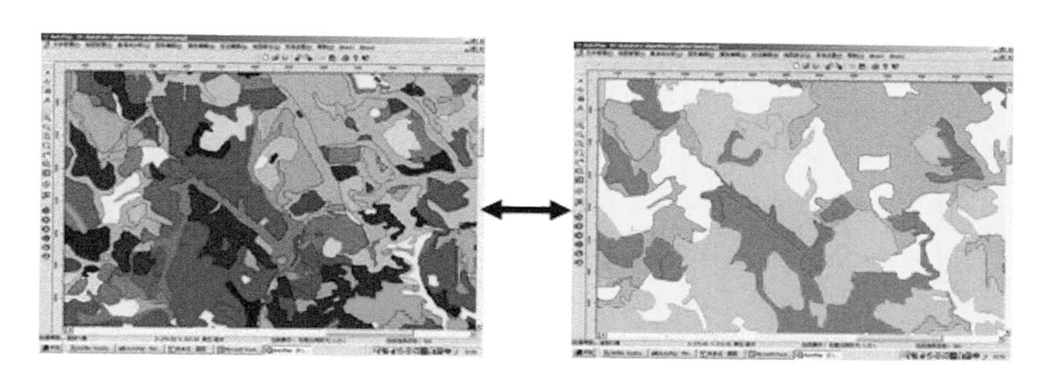

图 3-1　尺度空间地图多重表达

当前空间数据多尺度表达模型有两种基本类型，即基于多版本的层次模型和基于地图综合的动态派生模型（艾廷华，2004）。基于多版本的层次模型以层次性空间认知为理论基础，其基本思想是以离线的方式，手工综合生成多重不同比例尺的数据集并显式存储于同一数据库中，构成金字塔级联式存储的多尺度数据库。这种类型访问效率较高，但只能提供几个固定尺度下的表达，不能达到按需提供服务的要求。其尺度的划分有较大的学问，划分太稀则相邻表达之间存在严重的跳跃，划分太密则相邻表达之间可能存在较大的重叠，具有数据冗余。长期困扰多版本数据库的一个难题是多重表达之间的一致性难以维护，即用户在大尺度下提取的表达与在小尺度下提取的表达可能并非同一实体的两个表达。因此，多版本数据库的一个核心问题是构建多重表达之间的相互链接，以标识这些表达属于同一地理实体。与此同时，数据更新难以穿越多个层次以增量的方式自动在多个版本间执行，从而使得数据库的更新效率低、代价高，且现势性差。

基于地图综合的动态派生模型将地图综合为模型的核心构件，其基本思想是在数据库中存储一套高分辨率、高精度、大比例尺的详细数据集，其他较为概略的数据集通过尺度变换动态派生。这需要研究地理现象随尺度的变化规律，建立合理高效的尺度变换模型。理论上，这种方式可以按照用户不同层次的需求导出不同详细程度的数据集，是一种按需（on-demand）服务模式，能较好地迎合用户的需求，也是一种较为理想的模式。该模式将地理信息尺度变换作为核心部分嵌入空间数据库管理系统中，其数据的查询、更新、分析等各种空间操作都是在地图综合算子的基础上进行的，对空间数据库中的数据请求时，首先根据规则库推断请求的性质，分析系统运行环境和所请求的数据的特征，然后决定待提取数据集合的变换参数，接着确定算子和应用相应的参数，最后执行尺度变换，从主导数据库提取有意义的空间数据和空间关系。

在实际的生产中，基于多版本的层次模型是目前普遍采用的多尺度策略。这是受限于自动地图综合技术难度大而采取的现实可行的方法。地图综合作为地图制图学的核心理论，其自动实现的技术方法研究一直是该领域的热点问题，经过众多研究人员的努力，已取得较大进展，但是不同要素的自动化水平很不平衡，部分数据在某些比例尺段内的综合在算法、模型、决策等方面达到了较高的自动化程度，而其他的要素则还要较多的交互式控制，尤其在算法选择、控制参量设置、综合结果评价等决策问题上，自动化程度还很低。但是基于层次模型而构建的多版本数据库存在更新慢、一致性维护难等先天的不足。因此，需要寻求新的数据模型和技术策略来实现空间数据的多尺度表达。

针对这一现状同时顾及实际应用对地图综合技术的迫切需求，有必要采取折中的策略，即将成熟的自动化程度高的在线综合方法与难度大不能自动实现而采取人工综合的多版本方式结合起来，在按比例尺划分构建级联式存储结构时嵌入在线式操作，减少存储版本数，由在线尺度变换导出中间尺度表达，从而降低数据量。本研究即基于这一思想而提出的解决空间数据多尺度表达的一种策略，以尺度为主线，通过考察地理目标在不同尺度的表达状态，分析由一种状态变换为另一种状态的变换过程，决定离线操作与在线操作的选择，建立一种新的基于数据表达和数据操作的多尺度数据模型。这种新型数据模型构建的关键是对表达和操作进行有效的集成，集成的一个关键问题是如何在统一的框架下对二者进行合理的分工，这需要研究地图数据在尺度空间的表达变化机制。

3.2 尺度空间中地图数据表达的变化过程分析

3.2.1 地图数据随尺度变化的特点

考察尺度空间中，某河流实体表达状态发生变化的例子（图 3-2）：河流实体的初始表达产生于尺度 S_0（如 1∶2000），在该尺度下其表达的空间、语义精度高，近似写真；随观察尺度的增大，其表达形态逐步抽象（为满足更高层次的认知需求），这一抽象过程可以形象地理解为镜头的“变焦”，随镜头的逐步拉远，河流的表达逐步简化，大体变化过程如图 3-2 所示。这个例子展示了地理实体的表达随尺度变化的一般特征。

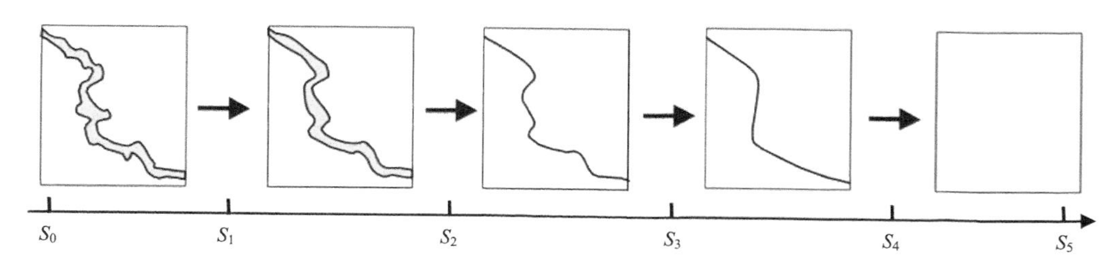

图 3-2　尺度空间河流实体表达变化过程

1. 表达的尺度范围具有有限性

空间数据只能在一定尺度范围内被表达，该范围表现为一个确定的尺度区间 $[S_0,S_n]$。该区间受多种因素的制约，包括表达媒介的范围、分辨率和人类认知的约束，尺度范围受到地理信息呈现媒介的限制。例如，在地图上，纸张的尺寸和打印分辨率会影响地图能够表达的最大和最小尺度。在数字地图中，屏幕的分辨率和显示范围也会对尺度范围产生影响。人眼的分辨率和视距对尺度范围有一定的制约。在极小的尺度下，人眼无法分辨地理要素的细节，而在极大的尺度下，人眼可能无法看到足够的上下文信息。这使得尺度选择变得至关重要，以确保信息的可理解性。在图 3-2 河流表达示例中，河流实体的表达出现于尺度 S_0（理论上，S_0 可以接近 1∶1），当尺度增大到 S_5 时，河流实体便不再在尺度空间被表达。

2. 表达的形式具有多态性

矢量型 GIS 对空间实体、现象的表达一般采用点、线、面、多点、多线、多面和复合型目标等几种几何形式。这种多态性使得人们能够以不同的方式呈现相同的地理特征，而且这种多态性的表现在特定的尺度下尤为明显。

以尺度线性空间来考察，同一实体、现象往往具有多种不同的几何表达形态，也就是说，可找到多组 $i\in[S_0,S_n],\cdots,j\in[S_0,S_n]$，使得 $R_i\neq R_j$。通常，足够多的表达将导致目标形态的连续变化，否则将出现离散的表达变化情况（传统的多比例尺 GIS 都是一些离散表达的聚集）。图 3-2 中河流实体在不同尺度下有不同的表达形式，如复杂的双线表达、边界简单的双线表达、复杂的单线表达、简化的单线表达等。一般来说，当有足够多的表达方式时，地理特征的形态会表现为连续变化。这意味着可以平滑地在不同的尺度和精度下观察和分析地理数据，而不会出现明显的跃迁或断裂。相反，如果表达方式受到限制，只能在有限的尺度或精度下进行表达，那么可能会出现离散的表达变化情况。这通常在传统的多比例尺 GIS 中出现，其中只提供有限数量的预定义尺度，在这些尺度之间的过渡可能不够平滑。多态性的存在和处理是 GIS 设计和应用中的关键问题。现代 GIS 系统越来越注重在不同尺度和精度下实现平滑的数据过渡，以确保地理数据的高质量和一致性。这有助于 GIS 用户更好地理解和利用地理信息，并支持各种领域的决策制定和问题解决。

3. 表达的变化有突变与缓变之分

在某个尺度点产生表达状态的突变，在相邻的下一个尺度段将产生连续的缓慢变化。可以认为，突变对应于表达形态的质变，缓变则对应于表达形态的量变。量变过程如坐标压缩、形状化简、局部位置移动；质变过程如两目标合并、二维目标抽象为一维目标、删除。尺度变换的剧烈程度可以用形态变化的一阶微分 $d(R)/d(S)$ 来描述。一般地，发生一次质变后，在接下来的一定比例尺变化幅度内发生量变，达到特定比例尺时发生下一次质变，两过程交替出现。图 3-2 中，在 $[S_0,S_n]$ 段为双线河表达的边界简化过程，为缓变；在 S_2 处产生几何维数变换（collapse：收缩，如将面变为线），可以认为是尺度变换的突变；在 $[S_2,S_4]$ 为单线河表达的形状化简过程，为缓变；在 S_4 处消失，可以认为是尺度变换的再一次突变。一般而言，质变的算法复杂度大于量变的算法复杂度。

4. 变化粒度具有层次性

尺度变化粒度 $d(R)/d(S)$ 有不同层次，粗粒度的变化通常由一系列精细粒度的变化累积而成。表达粒度的变化存在三个不同的层次，即要素级、目标级、几何级（艾廷华和成建国，2005）。要素级的变化粒度最粗，每次变化的对象是一个（或多个）要素层（同类要素的集合）；目标级的变化次之，每次变化的粒度是一个目标（或多个）（单个地理实体）；几何级的变化粒度最精细，每次变化的对象是一个（或多个）简单的几何构件（如坐标点、弯曲等）。不同层次的变化粒度具有不同的尺度敏感性，一般来说，尺度的微小调整最有可能导致几何级的表达变化；尺度的一般调整都可能导致目标的出现或消失（当前的多比例尺普遍采用的就是这种方式，对每个目标设定一个资格比例尺，一旦尺度超出这个资格比例尺，目标就不再被表达）；大跨度的尺度调整则有可能导致要素层的出现或消失。

对尺度空间中地图数据表达变化特征（表达范围的有限性、表达状态的多态性、突变缓变的交织性、表达变化的层次性）的认识与描述，是多尺度表达研究概念层次上的问题，是建立合理数据模型的基础和前提。

3.2.2 地图数据尺度变化过程的描述

在数字环境下，空间数据库中是存储地理信息的，即存储的是地理实体的图形、属性和关系信息。因此，地理信息尺度变换就是对空间数据库中的地理实体（图形、属性）信息和它们之间的关系信息进行抽象与概括处理，其实质是对空间数据库的变换。而地物图形再现则是对空间数据库中的地理物体按给定比例尺和图式符号进行图形表示。由此看来，地图数据尺度变换的实质性对象是空间数据库中的地理信息，即通常所说的“数字景观模型”（digital landscape model，DLM），它用属性、坐标与关系来描述存储对象，是面向地形物体的，没有规定用什么符号系统来具体表示，因而它又独立于表示方法。为了将同一数据用于多种应用，将数据集从初始的 DLM 变换为更低分辨率或特殊用途的 DLM 必须经过尺度变换的过程。因此，在 GIS 领域尺度变换是一个很普遍的问题，其最典型的表现形式莫过于地图综合了。如 2.3 节所述，地图综合是 GIS 尺度变换的主要方法之一，其本质就是“地理信息变换”。基于 DLM 的变换观，这一尺度变换过程可以理解为对地理信息的映射，即把初始状态下（比例尺 1、地图性质 1、地图用途 1、……）的实体集 $E_{初始}=\{e_{初始}\}$ 及关系集 $R_{初始}=\{r \mid r \in E_{初始} \times E_{初始}\}$ 映射为在新条件下（比例尺 2、地图性质 2、地图用途 2、……）的实体集 $E_{新}=\{e_{新}\}$ 及关系集 $R_{新}=\{r \mid r \in E_{新} \times E_{新}\}$（毋河海，1991，2000；艾廷华，2003）。可以认为，地图数据的尺度变换是空间表达的映射过程，包括实体目标映射和关系映射。

本书研究的对象是 DLM 而非数字制图模型（digital cartographic model，DCM）（DCM 主要是为使地理信息可视化或符号化而建立的模型）。按照 DLM 建模的思想，地理信息或者说空间数据（SD）的基本组成元素包括实体集 E 和实体间的关系集 R，其中 $E=\{e_1, e_2, \cdots, e_n\}$，$R=\{r_1, r_2, \cdots, r_m\}$；为了实现对尺度变换过程的形式化描述，引入一个粗化度 ε 的概念来描述 SD 的空间分辨率 σ 和语义分辨率 τ，粗化度可表示为二元组 $\varepsilon:(\sigma,\tau)$，用 $\varepsilon_1<\varepsilon_2$ 表示 ε_1 的粗化度小于 ε_2。尺度变换前后的空间数据可分别表示为：$\mathrm{SD}[\varepsilon_1]=\mathrm{SD}[<\sigma_1,\tau_1>]: E_1 \cup R_1$ 和 $\mathrm{SD}[\varepsilon_2]=\mathrm{SD}[<\sigma_2,\tau_2>]: E_2 \cup R_2$，其中 $\varepsilon_1<\varepsilon_2$。尺度变换过程可描述为

$$T[\varepsilon_1,\varepsilon_2]:\mathrm{SD}[\varepsilon_1] \rightarrow \mathrm{SD}[\varepsilon_2] \tag{3-1}$$

以空间数据的两大基本组成元素（实体和关系）为依据，尺度变换 T 可进一步

细分为空间实体变换 $f: E_1 \to E_2$ 和空间关系变换 $g: R_1 \to R_2$ 。

对于空间实体变换 f，根据自变元与映射的关系划分如下。

$$
\begin{aligned}
&\text{1-1 映射：} e' = f_1(e) \\
&n\text{-1 映射：} e' = f_2(e_1, e_2, \cdots, e_i) \\
&n\text{-}n \text{ 映射：} (e_1', e_2', \cdots, e_j') = f_3(e_1, e_2, \cdots, e_i)
\end{aligned}
\tag{3-2}
$$

对于空间关系变换 g，可以将空间关系映射看作是三种基础空间关系映射的复合，拓扑关系映射为 T，距离关系映射为 M，方向关系映射为 O，即 $g = TMO$，则 $r' = g(r) = TMO(r)$ 。

基于上述映射的基本思想，空间数据的尺度变换可以描述为图 3-3 的过程，其中 f 与 f_1、f_2、f_3 之间是“划分”关系，g 与 T、M、O 之间是复合关系。

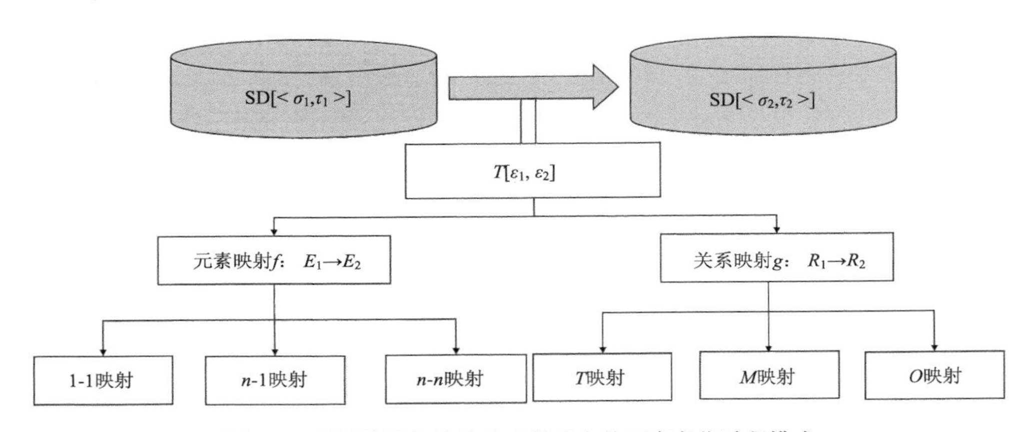

图 3-3　地图数据表达基于映射观念的尺度变化过程模式

3.3　尺度空间地图数据表达的生命周期模型

3.3.1　基本思想

基于空间数据尺度变换特征和尺度变换过程的分析，对于多尺度地理实体的描述可以从两个方面进行。一是实体表达，在尺度空间中，实体的表达状态存在两种基本类型：关键性表达和非关键性表达。其中，关键性表达指的是实体的初始表达及由尺度突变（如收缩、合并等）而产生的新的表达；非关键性表达指的是由尺度缓变（如化简、光滑等）而产生的表达。二是尺度变换，在实体表达状态的变化过程中，其所经历的尺度变换也存在两种基本类型：突变和缓变，突变指的是实体表达形态的根本性变化（如面变到线、线变到点、消失、合并到其他目标等），缓变指的是实体表达形态的非根本性变化（如多边形轮廓的变化、线形状的变化等）（艾廷华和李精忠，2010）。变化的幅度可以由 $d(R)/d(S)$ 来界定。表达和变换的交替作用构成了地图数据在尺度空间的动态表达演化过程，其一般模式如图 3-4 所示。

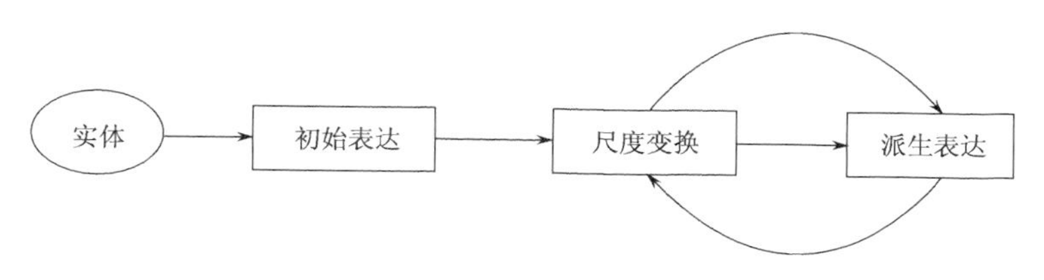

图 3-4　多尺度表达过程一般模式

将实体表达状态和尺度变换行为综合起来考虑，实体在尺度空间中表达的变化过程有以下基本特征。关键性表达的派生往往涉及极为复杂的尺度变换操作，即质变、突变，这些尺度变换要么无法用算法来实现，要么算法复杂度高、时间效率低下。因此，其派生过程通常采用离线的方式，通过交互式或自动化方式完成，并对完成的结果显式存储。为方便后续的更新传递和一致性维护，在存储关键性表达的同时，还应该存储其尺度变换的类型和参数。对于非关键性表达，其派生过程往往涉及一些简单的尺度变换，即量变、缓变，这些尺度变换有现成的算法，而且效率高。因此，其派生过程可以采用在线的方式，通过自动化的算法来完成。非关键性表达通常具有多个（理论上，可以有无限多个），它们存在于某一尺度区间，因此，对于非关键性表达不宜显式存储每一个派生的结果，而只需存储尺度变换函数及其参数（范围）即可。这样一来有两个好处：一是只存储关键性表达节约了存储空间，二是存储了所有尺度变换过程（包括关键性表达和非关键性表达的派生过程），这样既可以导出实体在其生存区间内任意尺度上的表达，又可以实现增量式更新，避免不一致表达的产生。

基于上述特征，可以构建一种基于表达状态和尺度行为的地图数据多尺度表达框架，即尺度空间中地图数据表达的生命周期模型。生命周期模型的特征在于：将传统的着重于描述尺度状态的静态数据模型拓展为着重于描述尺度行为（尺度操作）的动态数据模型，将传统的面向尺度点的数据表达拓展为面向尺度区间的数据表达。

1. 特征 1：静态数据模型→动态数据模型

传统的矢量型空间数据模型将点目标表达为单一坐标、线目标表达为坐标串、面目标表达为闭合坐标链，它是一种面向状态的静态模型，它只关注实体在尺度空间的单一表征，即在某“尺度点”上的静态表达。基于这种数据模型而构建的多尺度表达，充其量只是对地图数据在尺度空间中的一系列快照，仍然只是某些“尺度点”的静态表达，不满足空间数据多尺度表达所固有的大跨度、连续性、动态性的要求。大跨度是相对于面向表达而言的，实体在其表达生命周期内可能同时包含面、线、点等多种表达形态；连续性表现在相邻尺度的表达之间能光滑过渡、无明显跳跃；动态性表现在任意尺度上表达状态的变更都能方便、快捷地传递到其他尺度，实现表达的联动。这就要求在空间数据建模时融入对象和尺度的概念，将现实世界的对象（实体）作为认知的客体，将尺度变换作为一种认识世界和模拟世界的思维方法和思维过程内建到数据模型当中去，建立一个面向对象的、尺度依赖的、动态的数据模型。

该模型将尺度空间中实体的表达状态和尺度变换各自分为两类，表达状态分为关键性表达和非关键性表达，尺度变换分为突变和缓变。对于关键性表达，模型同时存储表达状态和尺度变换行为；对于非关键性表达，只存储尺度变换行为而不存储表达状态；对于质变（突变）类的尺度变换以离线的方式交互或自动实现；对于量变（缓变）类的尺度变换以在线的方式自动完成。如图 3-5 所示，每一子尺度区间内任意尺度上的表达可以表示为 $R_x = F(R_0, S)$，通过操作函数以动态的方式实时派生。

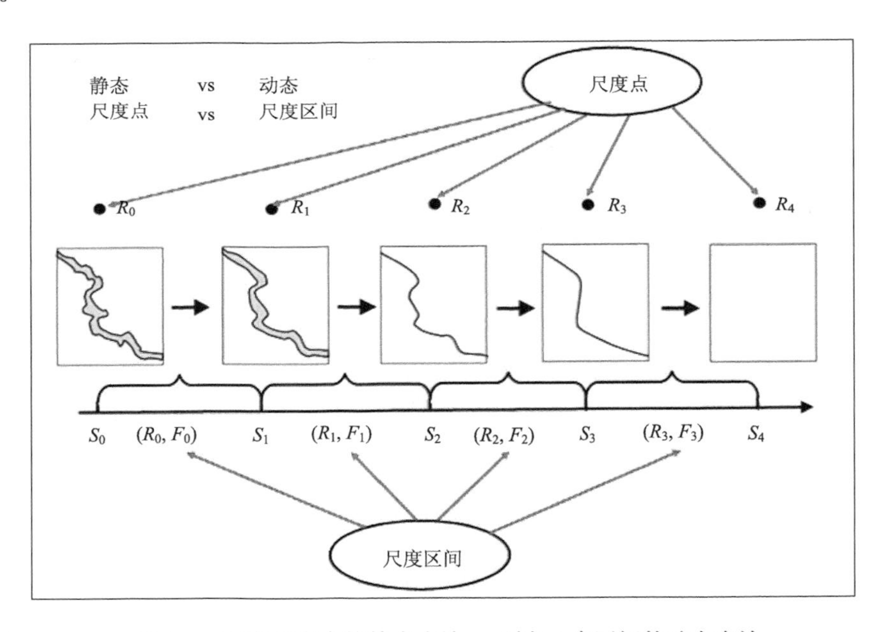

图 3-5　面向尺度点的静态表达 vs 面向尺度区间的动态表达

2. 特征 2：尺度点→尺度区间

传统的多尺度数据库只存储几个有限尺度点上的表达快照，在图 3-5 的示例中，多版本数据库对河流多尺度特征的展示通过 4 帧表达快照$\{R_0, R_1, R_2, R_3\}$来实现。显然，不同表达之间的切换会产生明显的跳跃，不适合人类思维的连续性特征。而地图数据表达的生命周期模型中，不仅仅只作用于几个有限的尺度点，而是作用于实体表达的整个尺度区间。基于 3.2 节对地图数据尺度演化机制的分析，数据表达的整个尺度区间可以细分为一系列的子区间，每一子区间都有自己的尺度演化模式，由于内建尺度操作函数，其间任意尺度上的表达可以通过函数实时派生，从而将表达从尺度点拓展到尺度区间。

空间数据表达生命周期的基本思想是以地理实体为研究对象，考察其在不同空间尺度下的系列表征，并对这些表征的结构和行为进行模拟，从而尽可能地直接表现出实体在尺度空间中的表达过程。因此，空间数据表达生命周期模型就是以接近人类通常的思维方式，将客观世界的地理实体模型化为对象，并揭示每一种对象特有的内部状态和运动规律。

值得说明的是，“周期”是一个较为多义的词语，其一般意义是指物体做往复运动或物理量周而复始的变化时，重复一次所经历的时间，它广泛用于化学（元素周期表）、生物（生命周期）、物理（周期性运动）、数学（周期函数）、工农业生产（生产周期）等领域，它一般与时间相关，且往往具有循环（cycle）的意思。在本书中，地图数据表达的生命周期指的是数据表达所覆盖的尺度区间，即与尺度相关而非与时间相关；其一般意义取英文中的“lifespan”意，而非“lifecycle”意，即有区间之意而无循环之意。这样一来，生命周期的概念就可以很好地表示模型的动态性和尺度区间特性。

3.3.2　概念框架

地图数据表达生命周期模型的一个核心思想就是对表达和操作的集成，其中表达特指那些发生在某些尺度点上的关键性表达（区别于非关键性表达），操作泛指尺度区间上的所有尺度变换操作。这种以尺度区间上的变换函数代替尺度区间上的系列表达的做法既能节省存储空间，又能提取区间内任意尺度上的表达。以生命周期模型的思想来考察地图数据在尺度空间的表达变化过程，可抽象出图 3-6 中与生命周期模型相关的三个基本概念：表达、尺度变换和尺度事件。基于生命周期和图 3-6 中的三个基本概念构成了生命周期模型的基本框架，如图 3-7 所示。

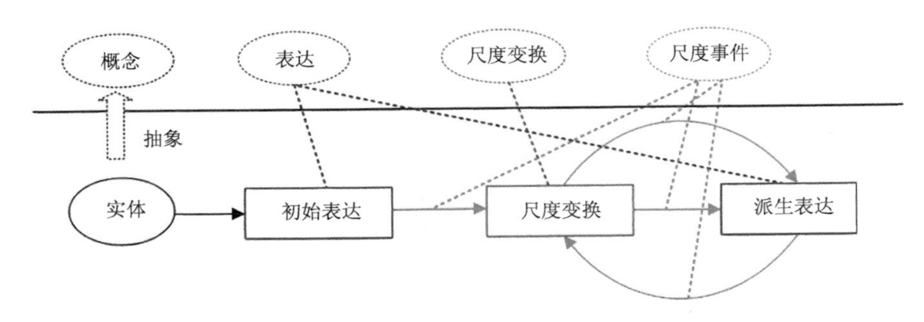

图 3-6　基于表达变化过程抽象出三个基本概念

在图 3-7 的概念框架中总结出了生命周期模型的基本组成元素，包括生命周期、表达、尺度变换、尺度事件以及对象。下面给出各个组成元素的定义，并基于这些定义给出生命周期模型的形式化描述。

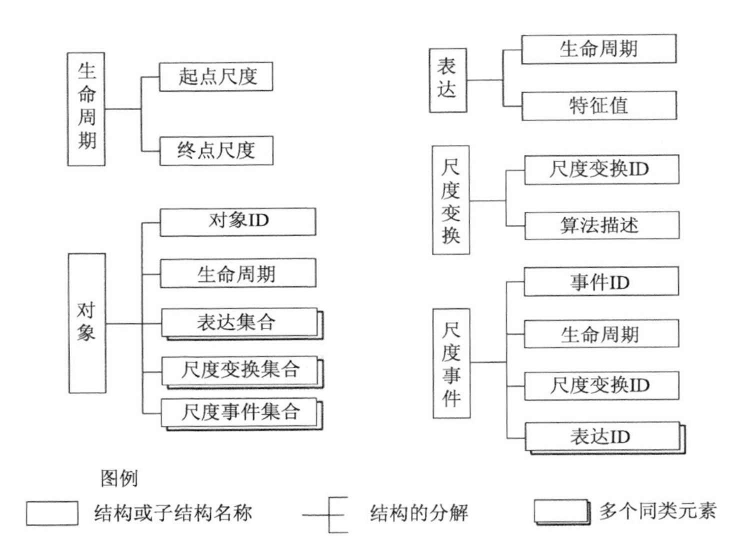

图 3-7　生命周期模型的基本框架

3.3.3　基本定义及形式化描述

1. 模型元素的定义

1）生命周期

在地图表达空间中，每一个空间实体存在的尺度范围都是有限的（Cecconi，2003），这个有限的范围可以用一个尺度区间 $[S_0,S_n]$ 来表示，该尺度区间即实体在尺度空间的表达生命周期。对于实体的表达，其细节部分（可能是目标层次或者几何层次的细节，要素层次的细节其变化粒度太大，研究的意义不大）可能会随着尺度的增减而发生变化，这些变化部分在尺度轴上可以分段描述，每一段也是用一个尺度区间来限定。这样一来，实体表达的整个生命周期被细分为若干子生命周期：$\{[S_0,S_1],[S_1,S_2],\cdots,[S_{n-1},S_n]\}$。实体的每一个子生命周期都是通过其若干表达、若干行为（尺度变换）来描述的。实体的表达是一种可用连续变化的或者离散变化的状态描述的对象属性，实体的尺度行为是其内部机制驱动下的运动过程。

地图数据表达的尺度空间是指与时间轴正交的广义度量空间，几何空间和属性空间都是它的子空间。对象的表达变化在这个空间中可能是连续的，也可能是不连续的。对于离散的变化，每一个表达都作用于一个子尺度区间，该子尺度区间即实体的一个子生命周期。以系列比例尺地形图为例，虽然只采集了 7 个比例尺的表达快照，但不能说这些表达只作用于 7 个尺度点，事实上，它们各自都覆盖一个较长的尺度区间（如 1∶10000 地形图，可以认为其有效作用范围是 1∶5000 至 1∶25000 的一个尺度段）。对于连续的变化，如图 3-2 河流实体的连续变化，其子尺度区间的划分与连续函数的作用范围相同，如河流多边形边界的化简是一个连续渐变的过程，直至河流的宽度不足以在图面表达为止，在此过程中，多边形边界化简的整个过程构成了实体表达的一个子生命周期。

因为生命周期是一个尺度区间，其两个端点是开放或者关闭的，即生命周期可能是一个开区间、左闭右开区间、左开右闭区间或者闭区间。图 3-8 的示例中展示了某河网要素及其组成河段的生命周期。*C* 河段短而窄，其生命周期较短；*A* 和 *B* 河段相对较长。

2）表达

在 GIS 中，表达可以通俗地理解为地理实体、过程的空间结构、模式和过程在二维平面的映射。例如，传统的矢量型 GIS 通常将地理实体抽象为点、线、面等简单的几何形态来表示，可以认为这些简单的几何形态构成了地理实体、空间数据的基本表达。在生命周期模型中，实体的表达区分为关键性表达和非关键性表达。

对于连续性表达过程和非连续性表达过程，其关键性表达和非关键性表达的界定稍有差异。对于离散的表达过程，由于只存储了有限的表达快照，其每一帧表达都是关键的，不存在非关键性表达。对于连续的表达过程，其关键性表达指的是那些经由异构变化而产生的表达。从数据组织的角度来看，实体的表达形态随尺度的变化可能出现两种情况，即同构变化（渐变、缓变、量变）和异构变化（突变、质变）。同构变化指实体的表达形态在相同几何维度、相同语义层次的变化，异构变化指实体的突然消失、突然产生或者被某种新的、不同几何维度或不同语义层次的特征所取代。如图 3-9 中的河流的初始表达、第一帧单线表达都可以认为是关键性表达。从数学的角度，表达的变化程度可以通过 dR/dS，即表达相对于尺度的变化速率来描述。由经验可知，表达形态的突变都发生在一些尺度点上，也就是说，$dS \to 0$；对于突变，顾名思义 dR 很大，如此一来 $dR/dS \to \infty$。在生命周期模型中，关键性表达称为基态表达，非关键性表达称为非基态表达。

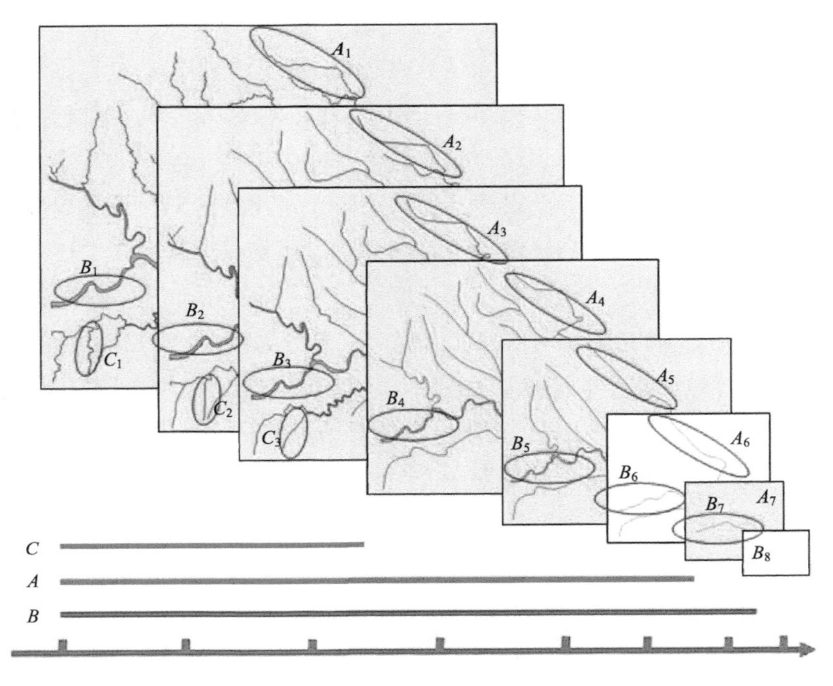

图 3-8　生命周期示例

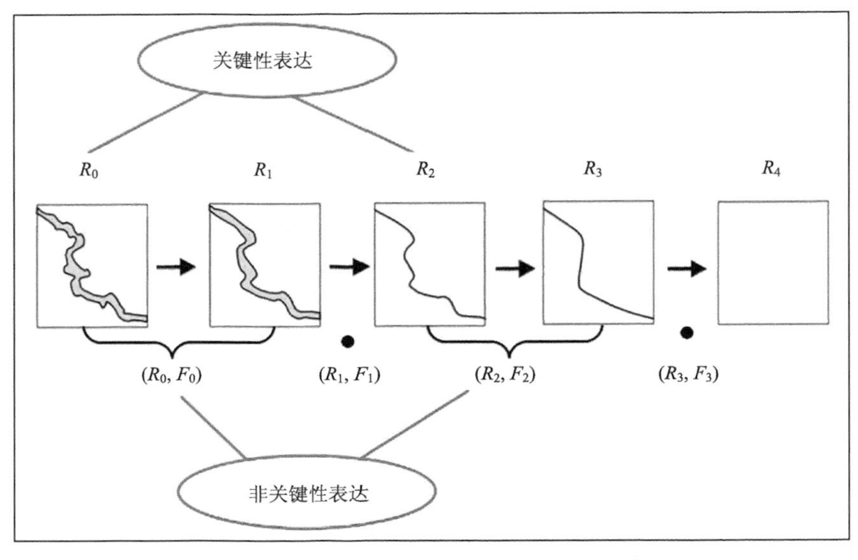

图 3-9　表达的两种状态：基态和非基态

在实体的整个表达空间中，它的基态往往不止一种，如河流在小尺度（大比例尺）下表示为双线河，在大尺度（小比例尺）下表示为单线河，它同时具有面和线两种基本几何形态。传统GIS通常针对特殊的目的、具有特定的比例尺，其表达的是实体在某一尺度点上的快照，即只有一种表达，而生命周期模型中实体可能具有多个基态。基于这种特征，生命周期模型是一种面向实体的模型，不同于传统的面向表达的模型。

3）尺度变换

尺度变换是指把某一尺度上所获得的信息和知识扩展到其他尺度上，可理解为通过多尺度的研究而探讨地理实体结构和功能跨尺度特征的过程。在多尺度模型的研究中，尺度变换包含两个层面的意思。首先，它是一种关系，该关系反映同一实体两个表达之间的有向连接；其次，它是一种尺度变换操作，该操作实现从一个表达状态过渡到另一个表达状态。尺度变换在关联多重表达的同时涵盖了尺度变换操作，具有两个方面的考虑：一是通过关联关系识别相同实体在不同层次的表达，方便多尺度空间分析、显示；二是通过描述和记录尺度变换操作导出任意尺度点上的表达，真正实现连续性表达。

对于尺度变换，可以从映射变换、几何变换和地理信息变换三个不同的角度来描述。从映射变换的角度，根据变换前后目标个数的对应关系，存在三种类型的尺度变换（图3-10），即1∶1变换，n∶1变换和n∶n变换（艾廷华，2003）。

（1）1-1尺度变换：尺度变换前后，实体维持其目标的独立性（不参与与其他目标的合并操作），该模式可以描述实体作为原始形态出现和变形出现两种基本情形。值得注意的是，有一种特殊的尺度变换，即实体的完全消失，本质上是1∶0映射，可以认为是实体到空集的映射，作为1∶1映射的一种特例。关于此种类型的尺度变换可作如下解读：随尺度的增加，实体的表达逐渐简化，但始终保持其作为实体的独立性，直至最终消失。

（2）n-1尺度变换：尺度变换后目标的独立性被破坏掉了，多个目标聚合为一个新的目标，该模式可用于描述实体与其他目标合并的情况。根据聚合的层次关系，可以分为IS-A层次关系的聚合（同质聚合）和PART-OF层次关系的聚合（异质聚合），在常规的综合算子中一般将前者称为融合（amalgamation），后者称为聚合（aggregation）。在聚合的过程中，参与聚合的几个元素不仅要根据空间邻近距离决定，同时要考虑语义层次树中的节点距离，土地利用类型图斑的聚合，在空间距离相似时，应当将语义类别相差小的归并。对于该类尺度转换关系可作如下解读：随尺度增加，多个语义或空间邻近的目标合并为一种的新的姿态（地理意义、语义含义）出现，以增加其生命力，壮大其生命周期。例如，随尺度的增加，多个邻近的建筑物不能再被表达，但为了延长其整体生命周期，它们就合并为一个新的特征——街区。

（3）*n-n* 尺度变换：此类尺度变换一般用于复合型要素，如群点的重采样、街道网化简、河系树化简、岛屿群化简等，表现为群体结构的简化。参与尺度变换的 *n* 个元素具有空间相关性或语义相关性，组成较高层次的复合目标，从另一角度可视为复合目标的 1-1 尺度变换，但此时讨论的目标与前面讨论的目标不是位于同一水平上的，因此将其定义为 *n-n* 尺度变换更合适。这种尺度转换关系是对象在整体结构上的群集特征，是对空间分布结构、聚类特征在大尺度下的描述，涉及语义结构重组和空间结构重组。对于该类尺度转换关系可作如下解读：随尺度的增加，复合目标开始简化其内部结构，即选择其组成元素中一些具有代表性的元素类描述其结构特征，而忽略那些对结构控制意义不大的元素，以达到释放空间、增加可读性、延长其整体生命周期的目标。典型的操作如传统地图综合中的典型化（typification）算子。

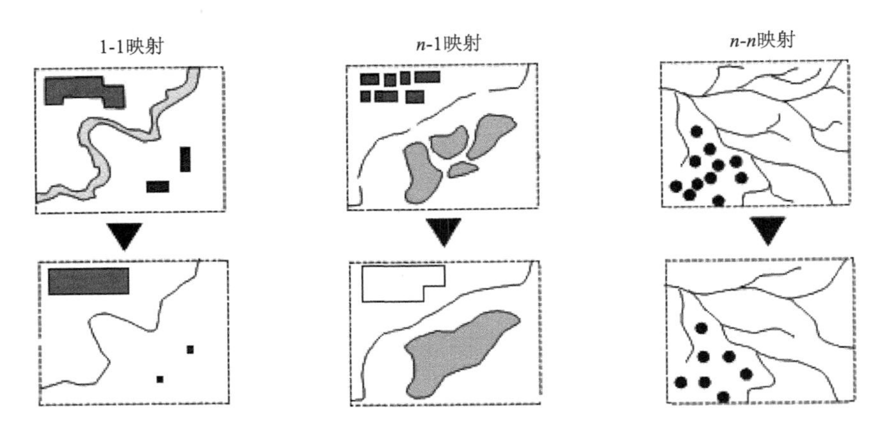

图 3-10　三种尺度映射关系（据艾廷华，2003）

从几何变换的角度，地理目标几何形态的变化并非杂乱无章，而是有序可行的。这里总结出了地理目标几何形态变换的几种基本形式如下：点→点、线→点、线→线、面→点、面→线、面→面、点群→点群、点群→面、线群→线群、面群→面群、面群→面，如果考虑目标消失的情况，还存在点→空、线→空、面→空、点群→空、线群→空、面群→空 6 种形式。一共 17 种形式，其图形表达序列如表 3-1 所示。

表 3-1　几何形态的尺度变换类型

几何形态	几何形态	变换类型	几何形态	几何形态	变换类型
•	•	点→点			点群→面
	•	线→点			点群→点群
		线→线			线群→线群

续表

几何形态	几何形态	变换类型	几何形态	几何形态	变换类型
		面→点			面群→面群
		面→线			面群→面
		面→面		NULL	点群→空
	NULL	点→空		NULL	线群→空
	NULL	线→空		NULL	面群→空
	NULL	面→空			

从地理信息变换的角度，尺度转换包括两种类型：尺度上推与尺度下推，可以通过控制模型的粒度和幅度来实现。尺度上推是将小尺度上的信息推绎到大尺度上的过程，表现为信息综合；而尺度下推是将大尺度上的信息推绎到小尺度上的过程，表现为数据内插（图 3-11）。由于地表系统的复杂性，尺度转换往往采用数学模型和计算机模拟作为其重要工具。在同一尺度域中，由于过程的相似性，尺度变换容易，模型简单适宜，预测的准确性高；而跨越多个尺度域时，由于不同过程在不同尺度上起作用，尺度变换则必然复杂化。在多尺度表达的研究中，尺度变换主要涉及地图综合的相关算法。

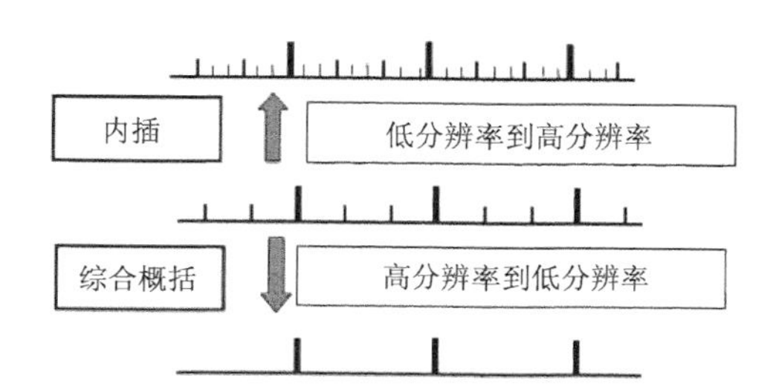

图 3-11　地理信息的两种尺度变换类型：综合和内插

在生命周期模型中，尺度变换的实施有两种方式，在线方式和离线方式。操作方式的选择依据算法的效率而定，效率高、技术成熟的算法可以用于在线操作，实时派生生命周期模型中的非关键性表达；效率低、技术不成熟的算法可以以离线的方式自动或半自动或完全手工来完成，其操作的结果需显式记录，作为生命周期模型中的基态表达。

4）尺度事件

尺度事件是对尺度变化过程信息的记录，它包含如下的基本信息“什么尺度下、什么对象、经过什么操作、变换到什么结果”。尺度事件的本质是关于表达和尺度变换的有序组合，其中，表达可能是原始表达或者派生表达，在结构设计时以具体的字段来区分，尺度变换是关联原始表达和派生表达的函数操作。尺度事件序列反映了实体在尺度空间的表达变化过程（图 3-12）。

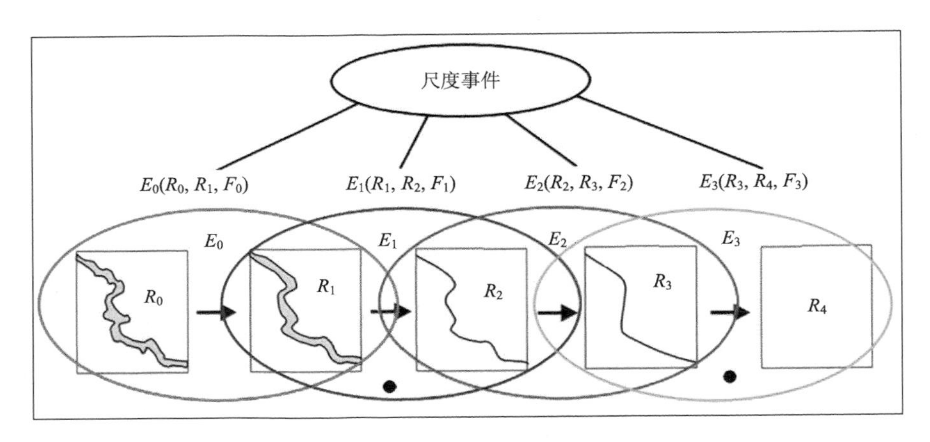

图 3-12　尺度事件关于表达和操作的组合

5）对象

表达、尺度变换和尺度事件的有机组合即构成了一个实体对象。在尺度空间中，任意实体对象可能同时具有多重表达（包括关键性表达和非关键性表达）、多种类型的尺度变换以及多个尺度事件。本质上，尺度事件又是表达和尺度变换的有机组合，描述了某一尺度变换与表达的作用过程。三者的有机组合共同描述了地图数据在尺度空间的表达变化模式（过程）。从面向对象的角度，对象可以建模为面向对象模型中的对象，表达和生命周期构成了对象的基本属性（状态），而尺度变换和尺度事件构成了对象的内在运动机制。

生命周期模型对多尺度过程的综合描述通过对对象以及尺度事件的描述来实现，其中针对对象的描述主要从三个方面进行，即对象的表达集合、对象的行为（尺度变换）集合和尺度事件集合。表达在某个尺度点的具体状态通过某个特征值来表示，这个特征值具有与所描述的表达相对应的某个数据结构（如点、线、面等）。尺度事件由三个方面的基本信息构成，包括生命周期、尺度变换 ID 及表达集。它描述了这样一个基本问题，“在什么尺度上，针对哪个（或哪些）表达（基态或非基态），应用了什么操作（尺度变换），得到了什么结果（表达）”。该问题涵盖了如下几项基本信息：①实体表达的生命周期是如何划分为一系列子生命周期的，每一个尺度事件本质上都对应一个子生命周期，它以其“生命周期”字段来描述其覆盖的子生命周期；②实体在该子尺度空间中具有什么尺度行为，该行为通过“尺度变换ID”来描述；③该尺度行为作用的数据体是谁，该项信息由“表达集”来描述，一般的尺度变换往往作用于一个基态，派生出一个基态或者一系列的非基态表达，对于派生的基态表达模型将予以显式记录，对于非基态性表达不予记录。尺度事件、对象以及对象表达都需要用一个尺度区间来表明它们各自在尺度轴上的存在范围。对于尺度事件、对象以及对象的尺度特征而言，这个尺度区间用“生命周期”结构来表达。

综合来看，生命周期、表达、尺度变换和尺度事件四个元素本质上都是用于对实体在尺度空间中表达过程的描述。生命周期从尺度的角度来描述每一表征的作用范围；表达从状态的角度刻画实体在尺度空间中的静态表象特征；尺度变换是从操作的角度来描述实体的动态尺度行为特征；尺度事件则是从过程的角度来描述状态和操作的组合序对，以期反映表达的动态演进过程；而对象则是对这四个元素的有机封装。

生命周期模型可以兼容传统的多尺度数据模型，即对象行为和事件响应过程是描述对象的可选结构。如果对象只具有表达而没有尺度变换行为，则该模型退化为传统的多版本数据模型，即以有限的几个版本记录实体在尺度空间中的序列表达快照；如果对象只具有一个初始表达和一系列尺度变换函数，则该模型进化为基于综合的主导数据库模型，即所有的非初始表达都是基于综合算法实时派生的。如果依据智能化的程度，把多版本状态和主导数据库状态分别理解为“0”和“1”的话，则生命周期模型的智能化程度在0～1，进可为“1”，退可为“0”。可见，生命周期模型的框架为多尺度表达提供了一个开放的框架，它可以有效地集成综合算法的最新成果，综合算法一旦有新的进展，都可以纳入该模型作为尺度变换的方法，用于表达的派生。

2. 模型的形式化描述

根据前面讨论的基态与操作相结合的思想，在生命周期中，尺度 S_i 处的表达可以是预先存储好的数据版本，也可以通过尺度变换函数临时导出。在模型中，记录地图数据表达的基态，同时记录尺度变换函数，运用面向对象的思想将尺度变换操作与基态属性描述进行集成封装。在现有地图综合技术条件下，难以自动实现的或实现代价太高的表达，通过基态显式存储，作为尺度空间中的关键性表达，在基态表达上通过尺度变换函数导出其他非关键尺度点上的表达。定义生命周期内某目标表达的基态为 $\{g_0, g_1, \cdots, g_k\}$，其间所经历的尺度变换函数序列为 $\{f_1, f_2, \cdots, f_l\}$，在此基础上定义三元组形式的尺度事件 T_i（i 表示该生命周期上尺度事件的序列号，整个生命周期内的尺度事件有多个，系列尺度事件的有机组合构成了表达的演进过程）。

$$T_i :< f_i, [S_{i1}, S_{i2}], \{g_{ij}\} > \tag{3-3}$$

式中，$[S_{i1},S_{i2}] \subset [S_0,S_n]$为$T_i$尺度事件的作用域（$S_{i1}$、$S_{i2}$为两个关键尺度点）；$\{g_{ij}\}$为该作用域内的表达基态；$f_i$为作用于$[S_{i1},S_{i2}]$的尺度变换函数。实体 E 在表达生命周期 S_0、S_n内，具有尺度事件系列 $T_0,T_1,T_2,\cdots,T_m$，则该对象在任意尺度S下的表达为

$$R_s = f_i(\{g_{ij}\}, S), S \in [S_{i1}, S_{i2}] \tag{3-4}$$

3.4　基于面向对象思想的生命周期模型

3.4.1　面向对象的基本思想

面向对象（object-oriented）的基本概念是在 20 世纪 70 年代萌发起来的。它的基本做法是把系统工程中的某个模块和构件视为问题空间的一个或一类对象。其基本思想是通过对问题领域进行自然的分割，用更接近人类通常思维的方式建立问题领域的模型，并进行结构模拟和行为模拟，从而使设计出的软件能尽可能地直接表现出问题的求解过程。因此，面向对象的方法就是以接近人类通常思维方式的思想，将客观世界的一切实体模型化为对象。每一种对象都有各自的内部状态和运动规律，不同对象之间的相互联系和相互作用就构成了各种不同的系统。

在面向对象的方法中，对象、类、方法和消息是基本的概念。对象（object）：含有数据和操作方法的独立模块，可以认为是数据和行为的统一体。对象一般具有三个基本特征：一是具有一个唯一标识，以表明其存在的独立性；二是具有一组描述特性的属性，以表明其在某一时刻的状态；三是具有一组表示行为的操作方法，用以改变对象的状态。类（class）：共享同一属性和方法集的所有对象的集合构成类。从一组对象中抽象出公共的方法和属性，并将它们保存在一类中，是面向对象的核心内容。方法（method）：对对象的所有操作，如对对象的数据进行操作的函数、指令、例程等。消息（message）：对对象进行操作的请求，是连接对象与外部世界的唯一通道。对象根据其内部逻辑，可以向其所处的程序环境触发携带特定类型信息的若干消失来告知发生了哪些事情，程序环境一般情况下即指“应用程序对象”。

面向对象方法在用于指导软件开发时，寻求的是对已知的或者预定义的逻辑过程的一种程序化实现方案。一个软件的综合功能的实现通过应用程序对象以及它的子对象之间的相互协作来实现：应用程序对象是总协调者，它侦听在系统中的各种各样的消息，通过对消息的侦听或者对子对象属性的询问来随时获知程序的状态，

并通过调用子对象的方法或者设置子对象的属性来协调程序各个部件的工作。无论是应用程序对象还是其所包含的若干子对象，都是由人所设计的，反映人的主观需要的结构与功能的统一体，都具有抽象性、封装性和多态性等面向对象的一些基本特性。

面向对象的方法学中提出了若干可用于指导对象设计的核心技术，这些技术一般都已经在面向对象的程序设计语言中得到实现，与生命周期模型密切相关的技术如下。

1. 泛化（generalization）与继承（inheritance）

泛化是一种从一般到特殊的关系，它用于创建类的层次结构，将多个类中共同的特征抽象出来，形成一个更一般化的超类（父类或基类）。泛化是面向对象编程（OOP）中的一种抽象过程，它可以创建一个通用的类，该类包含多个类的通用特性和行为。通常，泛化表现为从一个通用类创建一个或多个特殊类，这些特殊类继承了通用类的属性和方法，并可以添加自己的特殊属性和方法。泛化有助于实现代码的重用和维护，因为通用类的变更会自动反映在所有特殊类中，减少代码的冗余。

继承是一种机制，它允许一个类（子类或派生类）从另一个类（父类或基类）继承其属性和方法。子类继承了父类的特性，可以使用父类的方法，并且可以添加自己的额外属性和方法。继承支持了多层次的类层次结构，允许创建更具体的子类，同时保留了通用类的特性。继承是面向对象编程的重要特性之一，它有助于代码重用、提高可维护性和实现多态性。

综合来说，泛化用于创建类的层次结构，将通用类与特殊类联系起来，而继承是实际的机制，通过它，子类可以继承父类的属性和方法。泛化和继承一起构成了面向对象编程的核心概念之一，允许更有效地设计和组织代码，以满足不同的需求和建立类之间的关系。

2. 分类（classification）

分类是指将对象或类按照它们的属性、行为、特征或关系等特定标准进行分组或分类的过程。对象和类的关系是“实例”（instance-of）的关系。这一过程有助于组织和管理大量的对象和类，使其更容易理解和使用。分类在面向对象编程中是一种基本的概念，它有助于实现代码的结构化和模块化。

分类的主要目的是将对象或类按照它们的共同特征进行组织，从而形成类别或组。这有助于减少复杂性，使代码更易于管理和理解。通过分类，可以创建类的层次结构，其中通用特性被抽象为父类，而具体特性则由子类继承和扩展。

分类可以通过创建类的层次结构来实现，其中通用类被作为父类，而特殊类被定义为子类。通常，类的分类是基于继承关系来建立的，其中子类继承了父类的属性和方法，同时可以添加自己的特定属性和方法。分类还可以用于接口（interface）的实现，接口定义了一组方法的规范，实现了相同接口的类可以被分类为属于该接口。

假设有一个图形类库，其中包括圆形、矩形和三角形等几何形状的类。这些形状类具有共同的特性，如面积和周长计算方法。这些类可以被分类为“几何形状”的子类，而“几何形状”的子类则包含通用的方法和属性。另外一个示例是动物类别，如“哺乳动物”类，其中“狗”和“猫”类作为子类。“哺乳动物”类可以包含哺乳动物的通用属性和方法，而每个子类可以具有自己特有的属性和方法。

分类通过将类按照共同特性进行分组，有助于组织和管理代码，提高代码的可维护性、可扩展性和可理解性。分类提高了代码的可维护性，通过分类，代码更易于维护，因为相似的特性被整合到通用类中，减少了冗余的代码；分类提高了代码的可扩展性，新的类可以轻松地添加到现有的分类中，而无须改变已有的代码；分类提高了代码的可理解性，分类使代码更具结构，更易于理解和协作。

3. 关联、聚合和组合（association，aggregation and composition）

在面向对象编程中，关联、聚合和组合是用于描述对象之间关系的三个关键概念。它们用于定义不同级别的对象关联性，从简单到复杂。

关联表示两个或多个类之间的关系，通常表现为一个类中包含对其他类对象的引用。这些类可以彼此独立存在，而它们之间的关联只是表示它们之间有某种交互或连接。关联关系是一种松散的连接，没有强烈的依赖性。关联通常表示为双向的关系，即一个类可以知道另一个类的存在，但不一定需要拥有它。例如，考虑一个订单（order）类和一个客户（customer）类之间的关联。订单类中包含一个指向客户对象的引用，但订单和客户可以分别存在。

聚合表示一个整体包含部分的关系，其中整体对象拥有部分对象，但部分对象可以独立于整体对象存在。聚合是一种弱关联，表明部分对象不是整体对象的一部分。通常，聚合关系用于描述包含的关系。例如，一个学校包含多个班级，但班级的存在可以独立于学校。聚合关系通常用菱形箭头表示。

组合是一种更强的聚合关系，表示整体对象包含部分对象，并且整体对象负责管理部分对象的生命周期。部分对象不能独立于整体对象存在，它们与整体对象具有强的依赖性。通常，组合关系用于描述更严格的包含关系。例如，一辆汽车包含引擎、轮胎等部分。如果整体对象被销毁，部分对象也会被销毁。组合关系通常用实心菱形箭头表示。

这些关系有助于设计和模型对象之间的连接，以便更好地理解和维护代码。选择正确的关系类型对于面向对象编程的设计非常重要，因为它影响了对象之间的依赖性和生命周期管理。它们之间的本质差异在于反映了对象之间的不同程度的耦合关系：关联反映对象之间的一般联系，组合说明一个对象作为另外一个对象的局部而存在，聚合与组合类似，但是聚合方式中的组成对象可以独立存在。

3.4.2　基于面向对象思想的模型构建

面向对象的思想作为一种方法学被极其普遍地应用于信息系统设计之中，其中具有里程碑意义的是 Worboys 等于 1990 年发表在 *IJGIS* 上的代表性论文 “Object-oriented Data Modelling for Spatial Databases”，该论文运用面向对象思想中的泛化（generalization）、继承（inheritance）、聚集（aggregation）、组合（association）、有序组合（ordered association）等概念扩展了基于实体关系的数据建模方法，称为“面向对象的数据建模”。佘江峰（2005）认为，当前“面向对象的数据模型”使用或部分使用了面向对象方法中的“聚集”“组合”以及“有序组合”手段，把对象之间存在的等级层次关系（如一个大对象由若干个小对象组成）和相互引用关系（如一块土地被某个人所拥有、某人住在某个城市等）等通过定义恰当的数据结构来描述，但是忽略了对象之间相互作用过程的基于数据的形式化表达模式的研究。因此，可以这样说，目前的“面向对象的数据模型”是部分地基于“面向对象”的技术方法而建立的着重于描述“对象”的局部特征及等级层次关系和引用关系的数据模型，这类模型难以反映对象之间的动态因果联系。

对于多尺度数据模型而言，面向对象的意义在于作为一种方法学来指导数据建模。基于面向对象的思想建立数据模型的目的在于综合表达对象的各种关系，也即不仅要考虑对象空间特征的表达，还特别要考虑对象内在机制及对象协作的表达，只有通过对对象特征（表达）、对象内部机制及对象间协作的表达，才能揭示对象在尺度空间的表达变化规律。基于这一思想以及 3.3.2 节的概念框架，对生命周期模型的组织结构进行了设计，设计结果如图 3-13 所示。

在图 3-13 中，地理实体的信息构成包括：表达、空间关系、属性、尺度变换及尺度事件五大类。实体的表达包括基态表达和非基态表达，无论基态表达还是非基态表达都是基于开放地理信息系统（OPENGIS）的简单几何对象模型而设计的。空间关系和语义属性在一般的 GIS 模型中都有深入的研究，此处不作进一步的讨论。作为多尺度表达的研究，模型设计的初衷在于运用面向对象的思想对实体的空间表达和尺度行为进行有机集成，以反映实体表达在尺度空间的演变规律，因此生命周期模型强调的重点在于对表达和尺度变换操作的集成。

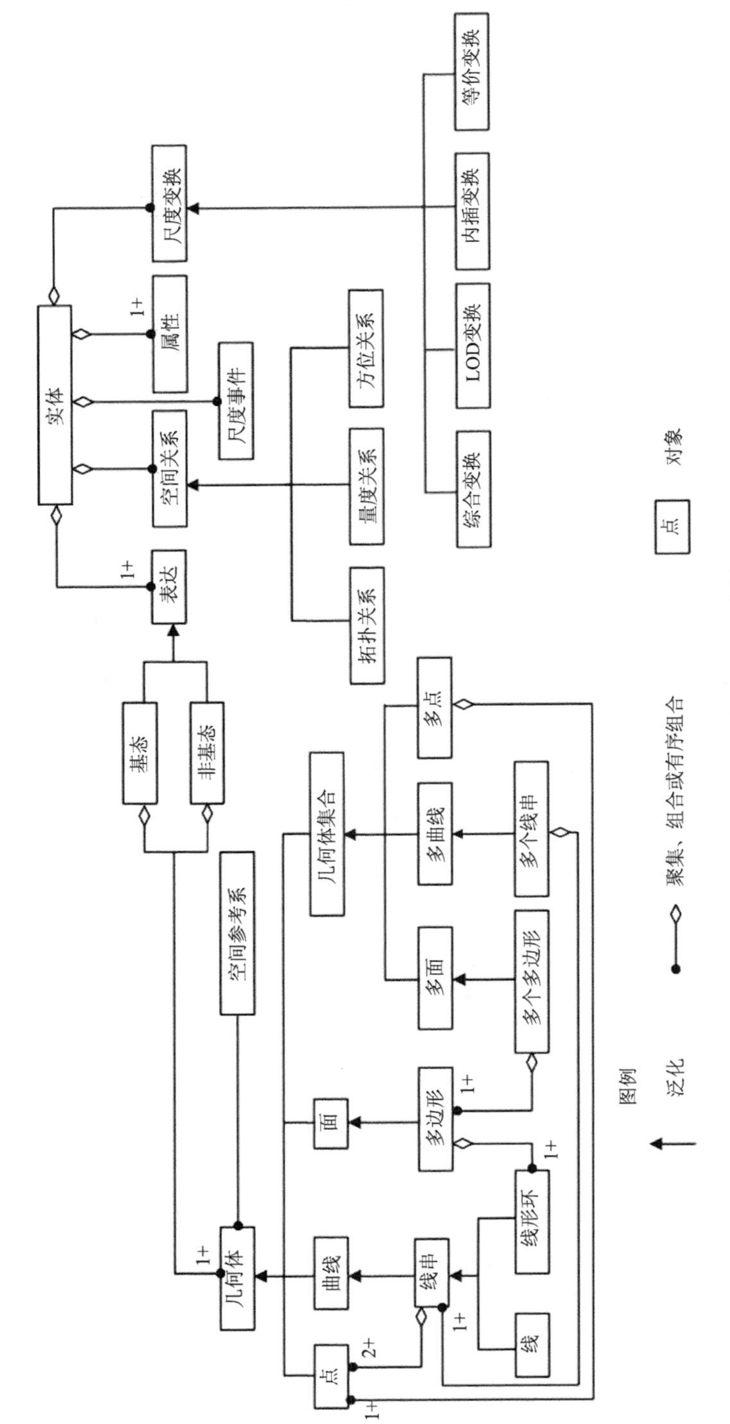

图 3-13 生命周期模型的组织结构

生命周期模型的设计充分利用了面向对象思想中的关联、聚合、组合、继承和抽象类等技术手段，使得模型具有封装性、继承性和多态性等基本特性。

1. 封装性

在生命周期模型中，实体类由五个基本成员构成：表达、属性、空间关系、尺度事件和尺度变换。这些成员与实体类之间存在不同程度的耦合关系。表达、属性、尺度事件和空间关系四个成员与实体类之间是组合关系，即这四个成员随实体对象的存在而存在；尺度变换与实体类之间是聚合关系，即尺度变换是实体对象的组成元素，但是不因实体对象的消亡而消亡，它指向尺度变换函数库中的某一函数，独立存在。这些不同层次的耦合实现了实体类对其成员变量的封装。这种封装性具体体现了生命周期模型的一个基本特征，即对表达和操作的有机集成。

2. 继承性

对于多尺度数据操作，本书总结了一套完备的尺度变换模式，包括地图综合变换、细节累积变换、形状内插变换和等价变换。在生命周期模型中，尺度变换被建模为地图综合变换、细节累积变换、形状内插变换和等价变换的共同超类，它包含对尺度变换的一般性描述信息（如算法类型、接口等描述）；而地图综合变换、细节累积变换、形状内插变换和等价变换则结合各自的尺度变换特征，添加了各自的尺度变换函数接口。空间关系与拓扑关系、量度关系以及方位关系之间也存在超类与子类的继承关系。这种继承性体现了生命周期模型对多种尺度变换操作的集成。

3. 多态性

在生命周期模型中表达和操作之间存在关联关系，对于大尺度空间内表达和操作的连续相互作用过程，本书提出了一种演化链图结构，用于描述大跨度尺度空间内多尺度数据的组织。演化链图提供了统一的接口描述不同的尺度变换模式，实现了空间数据对多种尺度变换过程的多态性描述。

相对于传统的多尺度地图数据模型，基于状态和变化的生命周期模型具有如下两个方面的优势。一是面向实体而非面向表达。实体在尺度空间中可能经历多种几何表达形态，如图 3-2 中的河流实体同时涵盖多边形和线两种几何表达，在生命周期模型中，所有的这些形态都可以作为实体的属性被封装，这样一来，一致性自然不成问题，更新也可以很方便地在属性之间传递。传统的多版本模型本质上是一种面向表达而非面向实体的快照式模型，在记录级上，多版本模型中的每一个对象表现为一个表达，生命周期模型中的每一个对象表现为一个实体。显然，传统模型基于表达的模式会带来不一致和更新难的问题。

二是面向对象思想在GIS领域更深层次的应用。传统的地图数据模型虽然也运用面向对象的思想，从属性、方法和事件三个方面来对空间对象进行组织，但是其应用的深度与一般的、非地图数据模型相似，面向对象的思想体现得很肤浅。例如，对对象方法的封装往往包括增加、删除、修改、求面积、求长度、求外接矩形等，但这些方法只是GIS中对象所具有的最简单、最肤浅的方法，难以描述实体在尺度空间的变化机制。尺度变换是一种认识世界和模拟世界的思维方法和思维过程，是地图数据在尺度空间的基本行为模式，为了能更全面地描述实体的尺度行为，尺度变换应该被内建到数据模型当中去，而不仅仅是作为一种数据派生的方法。生命周期模型将尺度变换作为实体的行为来看待，将其作为对象的方法而封装，这是面向对象方法在地图数据建模领域更深层次、更专业化的应用，也是传统地图数据模型所不具备的优势。

3.5 本章小结

本章基于对地图数据在尺度空间的表达变化特征的分析，提出了一个集数据表达和尺度变换操作于一体的地图数据多尺度表达生命周期模型，该模型显式地描述了尺度空间中地图数据的关键性表达和所有的尺度变换行为，将传统的面向尺度点的静态表达拓展到面向尺度区间的动态表达；并运用面向对象的思想介绍了地图数据表达生命周期模型的构建方法，实现了对表达和操作的封装、对多种尺度变换的集成，以及对多尺度数据的有机组织。

第 4 章　尺度变换模式

尺度变换是地理信息科学中关于尺度的重要操作，传统上该问题表现为不同比例尺地图间的地图综合。在大数据时代，尺度变换被赋予了新的内涵，更多地表现为空间知识概括，其是基于归纳的空间思维方法，通过选取、提炼、抽象行为从大量空间信息内容中获得主体、核心、普适性规律特征。尺度变换本质上是粒度的变换，把一个尺度上获得的信息或知识推广到其他尺度也称为跨尺度信息转换。完整的尺度变换包括从粗粒度到细粒度和从细粒度到粗粒度两个方向的变换（孟斌和王劲峰，2005；彭晓鹃等，2004）。前者表现为空间内插，如 DEM 的内插；后者表现为空间的概括抽象，即传统的地图综合。

生命周期模型设计的初衷之一是将传统的面向状态的静态模型拓展为面向过程的动态模型。从面向对象的角度，尺度变换是驱动生命周期模型的引擎。好的尺度变换操作能减少存储的基态数量，实时导出连续光滑的表达，增强模型的功能。本章从数据操作的角度，总结出了一套适于多尺度表达的尺度变换模式：一是初级尺度自动综合模式，该模式针对一套高分辨率的数据，通过综合算法导出其他较低分辨率的数据；二是初级尺度变化累积模式，该模式针对一个粗糙（精细）表达，通过添加（减少）不同层次的细节获得不同分辨率的表达；三是关键尺度内插模式，该模式针对两个相邻的表达，通过内插函数实时动态导出中间状态的数据；四是基于多级尺度的访问模式，该模式显式存储多个尺度版本的数据，通过尺度映射函数实时提取相关尺度的表达。

4.1　地图综合尺度变换模式

4.1.1　地图综合尺度变换基本思想

地图综合是根据地图的用途、比例尺和制图区域的特点，以概括、抽象的形式反映出地图制图对象带有规律性的类型特征和典型特点，而将那些对该地图来说是次要的、非本质的物体舍掉，地图综合是一个创造性的过程，是艺术与科学的结合。

地图综合是一个综合性的过程，旨在将地理信息以一种清晰、有效和吸引人的方式呈现给用户。这需要地图制图师兼具科学知识和创意能力，以创建具有实用性和美学价值的地图，以满足各种用途的需求。地图综合是一项创造性的工作，它要求地图制图师在根据地图的特定用途进行设计时，做出一系列决策（Brassel and Weibel，1988；艾廷华，2003；Li, 2006;武芳等，2022）。这包括选择在地图上呈现的信息、符号、颜色、比例尺等，从而最好地传达地理信息。地图综合不仅是一门科学，还是一门艺术。科学部分涉及地图制图的原理、规则和标准，以确保地图的准确性和可靠性。艺术部分涉及地图的美学和可视化设计，以提高地图的吸引力和易读性。地图综合考虑信息重要性而非数据本身，只保留最重要和最相关的地理特征。例如，在城市地图中强调主要道路和地标，而将次要道路或建筑物留在次要位置，以降低视觉混乱。地图的比例尺是地图综合的重要因素，不同的比例尺要求有不同的信息呈现方式，综合过程需要根据比例尺的变化来调整信息的详细程度和内容。

在空间数据多尺度表达研究中，尺度转换包括两种类型：尺度上推（scaling-up ）与尺度下推（scaling-down）。其中，尺度上推是将小尺度上的信息推移到大尺度上的过程，即尺度上推是从一个较为详细的表达派生一个较为概略的表达的过程。从这点来看，它与地图综合要求对可视化的图形、图像实施概括与简化的要求是一致的。正是基于这种共性，传统的尺度变换操作大多是基于地图综合的，如 Peng 和 Muller（1996）、Neun 等（2008）所提出的尺度转换关系和多尺度算子都是基于传统地图综合算子的。

4.1.2 地图综合尺度变换模型

基于地图综合尺度变换，其输入状态为大比例尺下的详细表达，输出状态为小比例尺下的简单表达，是一个信息抽象和数据压缩的过程，该过程可以形式化地表示为 $R_s = G(g_0, S)$。其中，G 表示该尺度变换所采用的地图综合算子，g_0 表示尺度变换 G 所作用的基态，S 表示目标尺度。

从模型 $R_s = G(g_0, S)$ 的构成元素分析，它涉及三个方面的内容：一是尺度变换函数 G，G 的尺度作用特征和组成形式是决定该模型功效的关键；二是基态 g_0，此处的基态指的是第 3 章生命周期模型中的关键性表达，由图 3-13 可知，基态的组成形态可能是点、线、面、多点、多线或者多面；三是尺度 S，尺度变换的直接控制因子为尺度或者比例尺，地图综合算子的直接控制因子为几何特征参量（如长度、面积、间距、弯曲大小等）。因此，要将地图综合算子应用于尺度变换需将几何特征参量与尺度关联起来。事实上，二者是可以关联的（Yang et al.，2007）。例如，地图综合领域著名的 Douglas-Peucker 曲线化简算法是通过矢高来控制的，矢高的大小与尺度范围有关，表现为比例尺越小，矢高参量的设定越大，化简的程度越大，图形表达越简单。

4.1.3　地图综合尺度变换方法

地图综合尺度变换是以综合算子为基础的，综合算子一直是地图学及 GIS 领域研究的热点问题。不同的学者提出了不同的综合算子分类体系（Mackness，1994；Peng and Muller，1996）等。

地图综合尺度变换建立在综合算子的基础上，旨在实现地图数据在不同尺度下的变换和呈现。地图综合尺度变换的核心是综合算子。综合算子是一种地图操作，它通过将多个地图要素合并或减少以创建新的地图表示，以适应不同的尺度。综合算子通常包括一系列操作，如简化、合并、平滑等，以实现地图要素的尺度变换。地图综合尺度变换旨在将地图数据从一个尺度变换到另一个尺度。这包括在不同尺度下对地图对象的大小、形状、位置和关系进行调整，以确保地图数据在新的尺度下能够清晰传达信息。地图综合尺度变换需要对数据进行抽象和概括，如去除不必要的细节，以降低地图的复杂性，并使其适应新的尺度。地图综合尺度变换是一个综合性的概念，它结合了综合算子的原理和尺度变换的需求，旨在使地图数据适应不同尺度和应用。这个概念的内涵包括地图数据的调整、一般化、符号设计等方面，而外延则涵盖了多尺度呈现、跨平台应用、数据集成和地图数据更新等应用领域。

不同地图综合算子分类体系通常基于它们用于地图综合的方式、目的和方法的不同而不同。按照综合方式，地图综合算子可以分为：合并型算子，这类算子主要用于将相邻或重叠的地图要素合并为更大的要素，以减少地图复杂性和信息重叠；简化型算子，简化型算子通过减少地图要素的复杂性，如曲线的平滑、节点的减少等，以降低地图的细节程度；拓扑修复型算子，拓扑修复型算子用于修复地图数据的拓扑关系，如节点和边的连接，以确保地图的一致性和正确性。按照综合目的，地图综合算子可以分为：尺度变换算子，这类算子主要用于将地图数据从一个尺度变换到另一个尺度，以适应不同尺度的应用需求；简化算子，简化算子用于减少地图数据的复杂性和冗余信息，以提高地图的可读性和可视化效果；一般化算子，一般化算子包括合并、删除、替换等操作，用于处理地图数据的一般化需求。按照算法原理，地图综合算子可以分为：基于数学的算子，如曲线拟合、多边形合并、点平均等；基于规则的算子，基于规则的算子使用一组规则如不同尺度下的符号规则或约束来指导地图综合；基于模型的算子，这些算子使用地图综合模型，通常用一种数学模型来调整地图数据。按照数据类型，地图综合算子可以分为：矢量数据算子，这些算子主要用于矢量地图数据的综合，包括点、线、面等几何数据；栅格数据算子，栅格数据算子用于处理栅格地图数据，如遥感影像、DEM（数字高程模型）等（表 4-1）。

表 4-1　常见的地图综合算子

	综合算子
Mackness, 1994	化简(simplification)，光滑(smoothing)，选择性重组(selective combine)，选择性删除(selective omission)，合并（merging），优化（refinement），增强（enhancement），局部移位（local displacement)，掩盖（masking)，面到线收缩（area to line collapse)，缩短（abbreviation)，相关图形归并（graphic association)，面到点转换（area to point conversion)，再选择（reselection)，类型重组（dissolution through classification)，尺度变化（scale change)，融合（amalgamation)，符号化（symbolization)，夸大（exaggeration）
Peng, 1996	主题选取（thematic selection)，要素选取（feature selection)，目标选取（object selection)，全局化(universalization)，均一化(homogenization)，化简(simplification)，重分类(reclassification)，合并（combination)，收缩（collapse)，聚合（aggregation)，删除（deletion）

地图综合算法用于尺度变换时，不强调具体的分类方法，也不穷尽所有的综合算子，而是提供一个开放的框架，当有新的算子出现时，可随时加入。

4.1.4　地图综合尺度变换评价

对于传统的地图综合尺度变换并非盲目地继承，而是有所甄别。本节的重点旨在分析各个综合算子的尺度变换适宜性，以算法效率（在线/离线）、作用基态（点/线/面/多点/多线/多面）以及尺度敏感性（突变/缓变）为指标，逐个考察各个算子的尺度变换特征，以期为生命周期模型中地图综合算子库的建立勾画一个蓝图。地图综合算子的尺度变换特征如表 4-2 所示。

表 4-2　地图综合尺度变换特征分析

算子	在线	离线	点	线	面	多点	多线	多面	突变	缓变
aggregation	√	√				√		√	√	
amalgamation	√	√						√	√	
classification	√	√	√	√	√	√	√	√	√	
collapse	√	√			√		√		√	
displacement		√	√	√	√		√		√	
enhancement		√					√		√	
exaggeration		√		√	√				√	
merge	√	√					√	√	√	
refinement		√					√	√	√	
simplification	√	√		√	√	√	√	√	√	√
smoothing	√	√		√	√					√
typification	√	√				√		√	√	

地图综合算子用于空间数据的尺度变换时具有如下特征：其作用基态可以是任意复杂或者简单的几何形态，如简单的曲线、多边形或者复杂的网络、点群、面群都有对应的综合算法；其时间效率高低不一，上下文依赖型（contextual dependent）算子运用时要考虑邻近目标，其效率较低，而上下文独立型（contextual independent）算子效率较高（Neun et al.，2008）；具有不同的尺度敏感性，可以分为尺度区间变换和尺度点变换。例如，曲线化简（simplification）可以在不同几何特征参量控制下，获得表达状态连续的动态变化，而几何维数变换（collapse）、删除（remove）、典型化（typification）、聚合（aggregation）、属性重分类（reclassification）等是在某个尺度点 s 上发生突变，而以后 $s+\Delta s$ 尺度范围内并没有反应，是离散的跳跃变化。

大部分地图综合算法只能在一定尺度范围内获得有效的表达，变化尺度距初始基态越远，图形效果偏离真实越远。Douglas-Peucker 算法的尺度控制参量矢高增大一定程度后就会产生自交、尖锐角转折等现象（Douglas and Peucker，1973）。因此，传统的地图综合变换在生命周期模型中应用时，要选择合适的尺度范围作用域。在传统序列比例尺地形图缩编中，比例尺跨越5倍（如从1∶1万到1∶5万）已经认为是大跨度了，往往采用过度标描方法在中间比例尺（如1∶2.5万）做一次表达输出，同样地图综合尺度变换用于生命周期模型时，大跨度尺度范围也要做中间尺度剖分，从而得到好的尺度变换效果。

4.2　变化累积（LOD）尺度变换模式

4.2.1　LOD 尺度变换基本思想

在多媒体研究领域，视频数据的压缩一直是一个关键的挑战，因为视频文件通常包含大量的图像帧，每一帧都需要存储大量的数据。为了有效减少数据量，研究人员采用了一种基本的思想，即分析相邻两帧图像之间的变化差异，并仅存储这些变化信息，而不是每一帧的完整图像数据。这种思想的背后是，在较短的时间段内，相邻两帧的图像内容通常大部分是相似或重复的，而实际的变化成分相对较小。因此，通过仅存储变化信息，可以显著降低视频数据的大小，同时保持视频的质量。

空间数据的多尺度表达存在类似的情况。比较不同比例尺的地形图，可以发现很多地理信息是重复的，而只有一小部分内容在不同尺度下会有所改变或消失。这种情况在地理数据的多尺度表达中很常见。就像在视频压缩中一样，这种重复性和一致性为 GIS 数据的尺度变换提供了机会。受到多媒体视频压缩技术的启发，可以使用一种技术策略，将变化信息存储起来以替代完整的数据表达。这正是 LOD 尺度变换的基本思想，LOD 尺度变换侧重于存储和访问地理数据的多个细节级别，以便在不同尺度下呈现和分析数据（Kilpeläinen, 2001;艾廷华等，2007，2009）。通过将变化的地理要素存储在不同细节级别上，可以根据需要加载或显示适当级别的数据，从而提高 GIS 系统的效率和性能。

4.2.2　LOD 尺度变换模型

这里将变化累积尺度变换引入生命周期模型中，看作是一种新的尺度变换操作。在尺度空间$\{S_0, S_1, \cdots, S_i, S_{i+1}, \cdots\}$，相邻尺度间的表达变化为$\Delta R_i = R(S_{i+1}) - R(S_i)$，通过递推关系，可计算出任意尺度 S_i 下的表达为: $R(S_i) = R(S_0) + \Delta R_1 + \cdots + \Delta R_i$ 。故 LOD尺度变换模型可描述为 $R(S) = L(g_0, S) = g_0 + \sum \Delta R_i$，其中 g_0 为基态表达，ΔR_i 为剖分的细节层次，L 为 LOD 尺度变换函数。该模型的基本思想是，存储记录连续表达尺度间的变化差异，而取代完整的数据表达。基于该模型的数据组织，只存储数据 g_0 和 $\{\Delta R_i\}$，初始表达 g_0 是满足所有潜在用户基本需求的背景数据，取决于应用领域与目标。尺度剖分序列 $\{\Delta R_i\}$ 的分辨率由剖分的深度决定，并影响数据集的数据量。在集合 $\{\Delta R_i\}$ 中，元素组织的顺序基于一个线性索引，并对应尺度线性空间。显然，$\{\Delta R_i\}$ 存储的数据量要小于 $\{R_i\}$ 存储的数据量，从而达到用较少数据量实现多尺度表达的目的。

该模型的实现有两个关键步骤：一是细节单元的剖分，即如何提取相邻表达之间的变化部分，这通常涉及复杂的目标剖分算法，可以离线方式完成；二是对细节单元进行排序，建立尺度相关的线性索引，以便能动态地导出多尺度数据流。针对不同的应用需求，可能还需要对细节进行绑定实现一定粒度的划分（该绑定过程相当于在上述表达式中的合适位置加括号），或者进行后处理实现真实表达的恢复。

根据尺度变化粒度划分的层次，变化的内容可以是目标实体，也可以是几何特征单元。目标是具有独立地理意义的表达实体，如河流；几何特征是几何表达上划分的结构体，是构成目标的基本单位，如构成河流目标的“弯曲”特征、构成面状目标的三角形剖分单元。基于这两个不同的粒度层次，LOD 变换可以分为两种不同的类型，即目标级 LOD 变换和几何特征级 LOD 变换。在目标级 LOD 变换中，变化的基本单元是完整的目标，即模型中 ΔR_i 对应于目标；在几何特征级的 LOD 变换中，变化的基本单元是组成目标的构件，即模型中的 ΔR_i 对应于几何构件。事实上，对某些应用可能同时涵盖目标级和几何特征级两个层次的尺度变换，需要复合型 LOD 模型的支持。下文将讨论这三种 LOD 尺度变换：目标级 LOD 尺度变换、几何特征级 LOD 尺度变换、复合型 LOD 尺度变换。

4.2.3　目标级 LOD 尺度变换

目标级 LOD 尺度变换表现为实体目标的出现和消失，类似于地图综合中的选取算子。由于变化的粒度为目标层次，该类尺度变化一般作用于群体目标。其实现的过程包括剖分细节单元及构建细节单元线性索引，对于某些应用可能还包括细节单元的绑定或/和真实表达的恢复。目标级 LOD 尺度变换的基本思想遵从 4.2.2 节的描述，其实现则较为简单，类似于地图综合中群结构的化简。关于目标级 LOD 尺度变换的具体过程这里不展开说明，只给出两个示例。一个是河网复合目标的基于 Horton 编码的 LOD 尺度变换过程，该过程类似于基于 Horton 编码等级及汇水面积大小的河网选取（图 4-1）；另一个是植被要素基于综合的面剖分（generalized area partitioning，GAP）树[关于 GAP 树的详细讨论参见 van Oosterom（1995）、Ai 和 van Oosterom（2002）]的 LOD 尺度变换过程，该过程类似于植被的综合（小图斑的剔除）（图 4-2）。

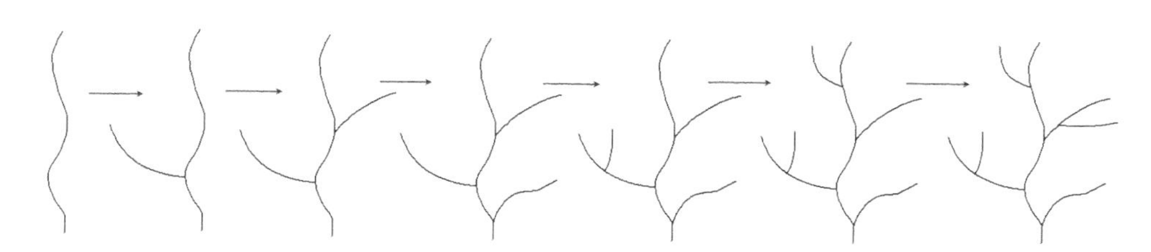

图 4-1　河网要素 LOD 尺度变换示例

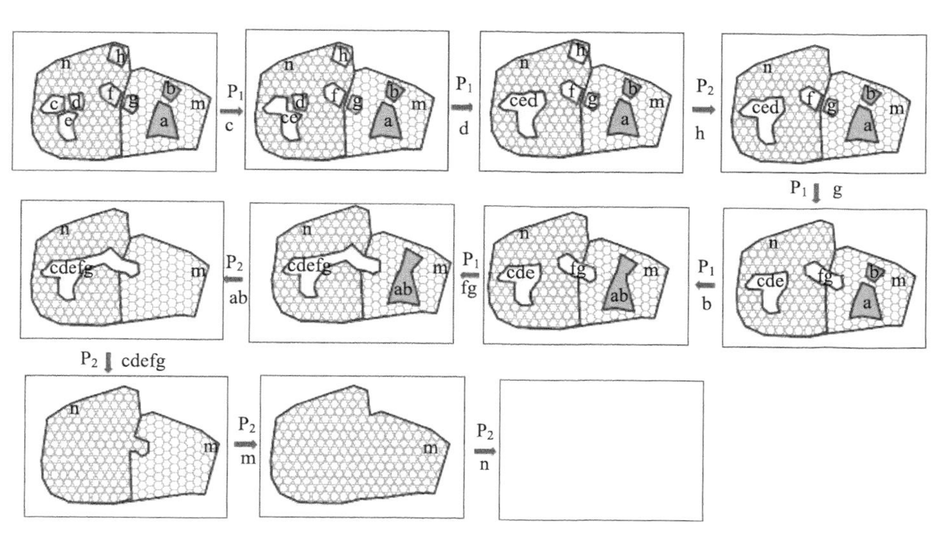

图 4-2　植被要素 LOD 尺度变换示例

P_1 表示合并；P_2 表示融合；箭头下方的字母表示每一步被合并或融合掉的对象

在目标级的 LOD 尺度变换过程中，每一步变化的粒度为单个完整的目标，该粒度对于某些应用来说是足够的，但对于其他应用来说可能显得过于粗糙，需寻求粒度更加精细的尺度变换。

4.2.4　几何特征级 LOD 尺度变换

几何特征级 LOD 尺度变换表现为随尺度的变化几何细节的出现和消失，类似于地图综合中的化简算子。由于变化的粒度为几何特征级细节层次，该类尺度变换一般作用于单个线、面目标。通过该类尺度变换，可获得目标表达的动态演变过程，从简单的线、面演变为复杂的高精确度的线、面。类似地，其实现的过程包括剖分细节单元及构建细节单元线性索引。但是，几何特征级细节单元的剖分比目标级细节单元的剖分更为复杂，因为目标级剖分的结果是完整的目标或者目标的组合，这些目标在数据库中显式存在，而几何特征级剖分的结果通常是一些基元性的几何构件，如弯曲、凸壳、矩形、三角形，这些构件在数据库中并不存在，需要特定的算法来提取。

分别以线、面目标为研究对象，分析几何特征级 LOD 尺度变换的两个实例，以进一步说明几何特征级 LOD 尺度变换的原理和模型的创建过程。

1. 线目标 LOD 尺度变换

对于线目标而言，其几何特征级的尺度变换表现为节点、弯曲特征的删除或添加（McMaster，1987; Muller，1990; Muller et al., 1995; Li and Openshaw，1992; Sester, 2005），其 LOD 模型的实现与曲线化简算法密切相关。如果曲线化简算法是以节点为最小删除单元，则 LOD 模型中变化的粒度为节点；如果综合算法是以弯曲为最小删除单元，则 LOD 模型中变化的粒度为弯曲。Douglas-Peucker（DP）算法是曲线化简的著名算法（Douglas and Peucker，1973），它处理的最小单元是节点，这里以 DP 算法为基础构建线目标在节点级上的 LOD 尺度变换模型。模型的创建有两个关键步骤：一是利用二叉线性综合树（binary line generalization tree，BLG）（Ballard，1981；van Oosterom，1993）把 DP 算法执行过程的中间结果按尺度特征详尽地记录下来，该步骤的意义在于获取线目标剖分的细节单元系列；二是遍历 BLG 树，建立细节单元的线性索引序列，以便通过集合运算组合出任意尺度下的表达。下面对这两个步骤加以详细说明。

1）剖分细节单元，并建立 BLG 树

DP 算法对曲线的化简是通过矢高的判断依次删除距离基线远的点，最彻底的化简结果是两端点的连接。这里设定 DP 算法阈值为 0，用 BLG 记录算法执行的中间过程。基于 DP 算法构建 BLG 树的算法流程，如表 4-3 所示。

表 4-3　基于 DP 算法的 BLG 树构建流程

（1）选择曲线 C 的起点 P_s 和终点 P_e，作为 C 的最简表达 $R(S_0)$。
（2）遍历曲线 C 上 P_s 和 P_e 之间的所有节点，找出距离线段 $\overline{P_sP_e}$ 最远的节点 P_i，初始化 BLG 树，以 P_i 作为根节点，其层次级别赋为 1。
（3）P_s、P_i、P_e 构成一个三元结构 S_i:< P_s, P_i, P_e >，将该三元组推入堆栈 S。
（4）如果堆栈 S 为空，停止；否则从堆栈 S 中弹出一个三元组 S_i，执行以下步骤：① 将三元组表示的曲线 $P_sP_iP_e$ 分为两部分：P_sP_i 和 P_iP_e，遍历 P_s 和 P_iP_e 之间的所有节点，找出距离线段 $\overline{P_sP_i}$ 最远的点 P_{i1}，将其加入 BLG 树，其层次级别在 P_i 级别的基础上加 1；遍历 P_i 和 P_e 之间的所有节点，找出距离线段 $\overline{P_iP_e}$ 最远的点 P_{i2}，将其加入 BLG 树，其层次级别在 P_i 级别的基础上加 1。② 如果曲线 $P_sP_{i1}P_i$ 的节点数大于 3，则将三元组 < P_s, P_{i1}, P_i > 加入堆栈，如果曲线 $P_iP_{i2}P_e$ 的节点数大于 3，则将三元组 < P_i, P_{i2}, P_e > 加入堆栈。
（5）返回第（4）步。

图 4-3 是 BLG 树建立过程的一个示例。选择原始曲线的起点和终点作为锚点，即 P_1 点和 P_9 点，然后找出位于这两个端点之间曲线上与这两个端点的连线 P_1P_9 的最大距离点 P_5，将该点序号、坐标、矢高及其他信息存入 BLG 树的根节点；P_5 将 P_1 和 P_9 之间的曲线分为两段，用同样的方法对点 P_1、P_5（此时的锚点变为 P_1、P_5）之间的点进行检测得到点 P_3，将 P_3 作为 P_5 的左子节点；对点 P_5、P_9（此时的锚点变为 P_5、P_9）之间的点进行检测得到点 P_7，将 P_7 作为 P_5 的右子节点。重复该过程直至两锚点相邻。

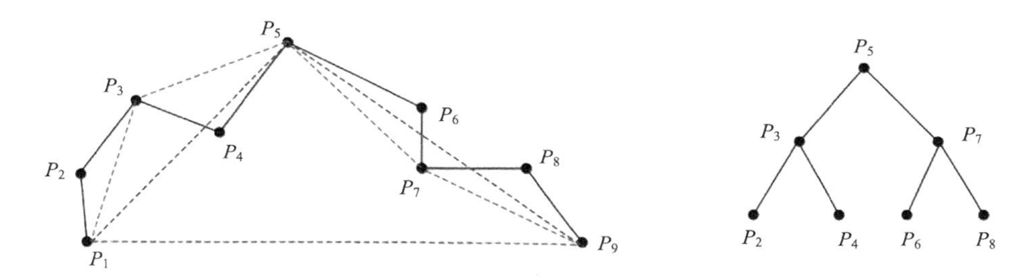

图 4-3　曲线的 DP 剖分过程及其 BLG 树表达示例

2）遍历 BLG 树建立线性索引

曲线剖分为节点 BLG 层次树后，下一步是在存储上如何将其转化为能够随比例尺增加而拟合精度递增的线性索引结构。由上至下的 BLG 树的层次结构隐含了曲线从粗到精的多尺度表达，通过从上到下逐步叠加每个层次中的点可以得到原始曲线在任意尺度下的表达。原始曲线的最简表达是起点 P_1 和终点 P_9 的连线，当 BLG 树的根节点 P_5 插入 P_1 和 P_9，就得到了较 P_1P_9 更为精细的表达 $P_1P_5P_9$。比较这两个表达发现，插入 P_5 的过程就是以三角形 $\Delta P_1P_5P_9$ 的两边 P_1P_5 和 P_5P_9 代替第三边 P_1P_9 的过程，反过来，删除 P_5 的过程就是以 $\Delta P_1P_5P_9$ 的第三边 P_1P_9 代替其他两边 P_1P_5 和 P_5P_9 的过程。BLG 树中其他所有节点的插入和删除操作都存在同样的规律。

这样一来，基于 BLG 层次树，曲线可表示为所有节点（一个节点对应一个三角形）的集成，具有下列表达式：

$$\text{Curve} = g_0 + \sum \Delta R_i = R(S_0) + \sum \varDelta_i \tag{4-1}$$

式中，R（S_0）表示曲线的最简表达；$\varDelta_i$ 表示 BLG 树中节点 P_i 关联的三角形。基于对 BLG 树的遍历建立线性索引结构，可以依据两个条件：①基于节点等级数；②基于节点等级数和节点的矢高大小，在同一等级内的节点按照矢高递减排序。

基于条件①，图 4-3 的曲线可表示为

$$\text{Curve} = R(S_0) + \varDelta_5 + (\varDelta_3 + \varDelta_7) + (\varDelta_2 + \varDelta_4 + \varDelta_6 + \varDelta_8) \tag{4-2}$$

该表达式为基于节点等级线性索引而建立的曲线 LOD 表达模型。基于节点等级的线性索引是按深度优先的方式从上到下垂直扫描BLG树，只考虑了节点在BLG树中的深度，以至于同一深度层次的节点具有相同的次序，在表达式中表现为在合适的位置加括号，反映在数据表达上表现为同一层次的细节同时出现或消失。图 4-4 是该 LOD 模型用于尺度变换的一个示例，将其用于尺度变换时其变化的粒度是多个绑定的细节单元（$\varDelta_3$ 和 $\varDelta_7$ 同时出现/消失，$\varDelta_2$、$\varDelta_4$、$\varDelta_6$、$\varDelta_8$ 同时出现/消失），从左到右比例尺逐渐增大，三角形逐渐累积（以实线代替虚线），从右到左比例尺逐渐缩小，三角形逐渐消失（以虚线代替实线）。其模型表达过程如表 4-4 所示。

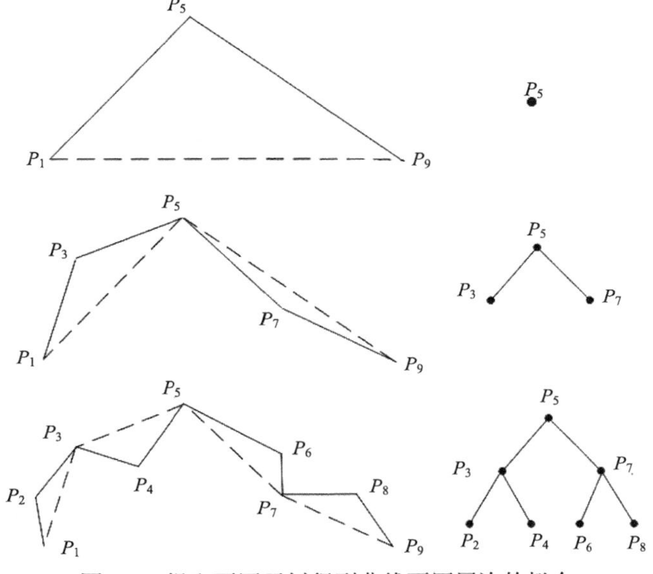

图 4-4　提取不同子树得到曲线不同层次的拟合

表 4-4　曲线基于节点深度的 LOD 尺度变换过程

$R(S_1)=R(S_0)+\Delta_5$；
$R(S_2)=R(S_1)+(\Delta_3+\Delta_7)=R(S_0)+\Delta_5+(\Delta_3+\Delta_7)$；
$R(S_3)=R(S_2)+(\Delta_2+\Delta_4+\Delta_6+\Delta_8)=R(S_0)+\Delta_5+(\Delta_3+\Delta_7)+(\Delta_2+\Delta_4+\Delta_6+\Delta_8)$

基于条件②，图 4-3 的曲线可以表示为

$$\text{Curve}=R(S_0)+\Delta_5+\Delta_3+\Delta_7+\Delta_4+\Delta_8+\Delta_6+\Delta_2 \tag{4-3}$$

该表达式为基于节点等级和节点矢高线性索引而建立的曲线 LOD 表达模型。该模型同时考虑节点深度等级和矢高，即同一深度层次的节点之间进一步以矢高的大小来区分各自的重要性，则可获得唯一的序。设 P_5、P_3、P_7、P_2、P_4、P_6、P_8 的矢高分别为 22.3、7.5、5.1、3.4、7.3、6.4、6.8，则遍历的结果为{ P_5，P_3，P_7，P_4，P_8，P_6，P_2}，反映在数据表达上表现为每一步变化都有唯一的一个细节单元出现或者消失。图 4-5 是该 LOD 模型用于尺度变换的一个示例，将其用于尺度变换时其变化的粒度是单个的细节单元，其模型表达过程如表 4-5 所示。

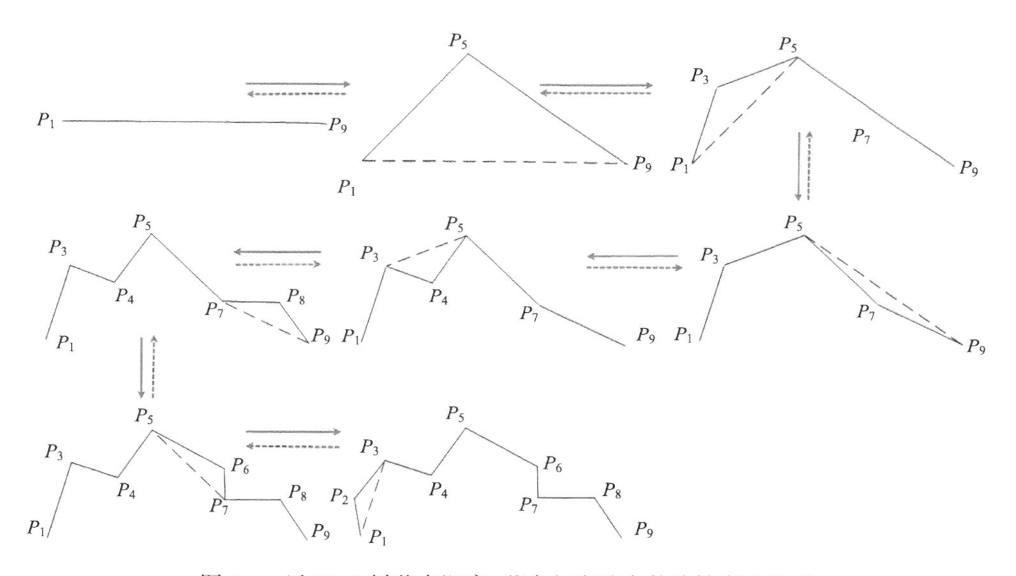

图 4-5　以 BLG 树节点深度+节点矢高建立的线性索引序列

2. 多边形目标 LOD 尺度变换

在地图学和 GIS 中，传统的多边形尺度变换一般表现为多边形边界的化简（不考虑多边形收缩的情况），如边界节点、弯曲的出现或消失，基于这种意义上的多边

形尺度变换与前面讨论的曲线的尺度变换类似，在此不再叙述。这里介绍的多边形尺度变换是基于计算几何多边形剖分单元的。

表 4-5　曲线基于节点深度和矢高的 LOD 尺度变换过程

$R(S_1)=R(S_0)+\Delta_5$；

$R(S_2)=R(S_1)+\Delta_3=R(S_0)+\Delta_5+\Delta_3$；

$R(S_3)=R(S_2)+\Delta_7=R(S_0)+\Delta_5+\Delta_3+\Delta_7$；

$R(S_4)=R(S_3)+\Delta_4=R(S_0)+\Delta_5+\Delta_3+\Delta_7+\Delta_4$；

$R(S_5)=R(S_4)+\Delta_8=R(S_0)+\Delta_5+\Delta_3+\Delta_7+\Delta_4+\Delta_8$；

$R(S_6)=R(S_5)+\Delta_6=R(S_0)+\Delta_5+\Delta_3+\Delta_7+\Delta_4+\Delta_8+\Delta_6$；

$R(S_7)=R(S_6)+\Delta_2=R(S_0)+\Delta_5+\Delta_3+\Delta_7+\Delta_4+\Delta_8+\Delta_6+\Delta_2$

外接矩形是计算几何中常用的多边形剖分单元，它是一定程度上对多边形的拟合表达，这种拟合表达将不属于多边形的覆盖区域也纳入其表达中（周培德，2005）。在计算几何中，这些非多边形区域被称为“口袋”多边形，它可以通过对外接矩形和原多边形进行求差来获取。

按照细节累积构建目标表达的思想，目标的真实表达可以通过其外接矩形（凸壳）和口袋多边形的累积来表达。但是口袋多边形可能并非简单的矩形或者凸壳，为了简化表达、提高效率，需对口袋多边形进一步实施矩形拟合，与此同时产生新的口袋多边形，然后进一步对其实施矩形（凸壳）拟合……重复该过程，直至提取的口袋多边形为矩形（凸壳）或者面积足够小不能再进一步剖分为止，就可以提取目标的全部剖分细节单元。通过这些细节单元的累积可以还原目标的真实表达。剖分单元在构成完整数据时有正向、负向两种作用，正向作用表现为细节单元的累积为加法运算，在当前数据基础上添加额外的部分，集成该剖分单元为前景效果；负向作用表现为细节单元的累积为减法运算，从当前数据上移除一部分，集成该剖分单元为背景效果（艾廷华等，2009）。

基于这种剖分，多边形目标在任意尺度下的表达可以通过一系列不同细节层次的矩形（凸壳）剖分单元的集合来拟合表达。基于这一思想，把多边形剖分过程的中间结果按尺度特征显式记录下来，建立线性索引即可建立多边形 LOD 尺度变换模型。其具体实现涉及两个基本步骤：一是多边形目标的剖分；二是基于剖分单元构建多边形 LOD 累积表达模型。

1）多边形剖分

定义面状要素实体为目标多边形（简记为 OP），定义其拟合表达为拟合形似多边形（简记为 AP）。在几何学中，AP 包括最小外接矩形（MBR）和凸壳，选用何种 AP 取决于地理要素的类型，凸壳一般应用于表示自然要素，如以不规则边界表达的湖泊、土地使用地块和人工建造设施，MBR 一般用于表示具有直角垂直特征的建筑物。多边形凸壳生成有很多算法，最优算法的复杂度为 $O(n\lg n)$。对于构建建筑物多边形的 MBR，外接多边形在所有边方向上都能产生，选择面积最小的那一个，由于建筑物多边形边的数目是有限的，所以算法效率为线性复杂度。剖分结果存储在层次树 H-tree 中，树的节点表示拟合多边形 AP，每一节点有分级层次的描述参量 level。剖分算法如表 4-6（艾廷华等，2009）。

表 4-6　多边形凸壳（矩形）剖分算法

（1）构造 OP 的 AP，初始化层次树 H-tree，让 AP 作为其根节点，其层次级别赋予 1。
（2）由 AP 与 OP 作多边形叠置差运算，得到差运算结果 $R=\{p_0, p_1,\cdots, p_n\}$（即为下一级的口袋多边形系列），按面积递减对 R 的元素排序。
（3）将 R 中满足进一步剖分条件 c 的“口袋”多边形 p_i 推入堆栈 P。
（4）如果堆栈 P 为空，停止，否则从堆栈 P 中弹出一个多边形 p_i，执行以下步骤：①构建 p_i 的 AP，将 AP 添加到 H-tree 中，其层次级别在 p_i 级别的基础上加 1；②通过 AP 和 p_i 的多边形叠置差运算提取“口袋”多边形序列，按面积递减排序；③对符合进一步剖分条件的多边形构建 AP，并推入堆栈 P。
（5）返回第（4）步。

剖分算法的剖分条件 c 可以是面积大小或凸度达到限值，如 0.9。当面积太小视觉难于分辨时，停止进一步剖分。到某一步口袋多边形本身为凸多边形（或接近凸多边形）时，多边形叠置差运算结果为零，便没有口袋多边形进栈。

算法执行的结果为不同层次凸壳多边形所组成的层次树 H-tree，H-tree 在不同精度上对原多边形进行拟合表达。算法中，对于“口袋”多边形的排序操作是为了保证在“父节点”之下的“子节点”以面积降序的顺序排列，树节点组织中表现为从左到右，为后继剖分细节单元序列按重要性建立线索结构作准备。图 4-6 表示一个多边形及其对应的 H-tree 剖分结构，这里剖分单元选择凸壳。

2）构建多边形 LOD 累积表达模型

多边形剖分为凸壳的层次树后，下一步是在存储上如何将其转化为能够反映拟合精度递增的线性索引结构。在 H-tree 中，对应于凸壳（或 MBR）的每个“节点”

都有一个运算符，这个运算符取决于它的层次级别是奇数还是偶数，被记为$(-1)^n$，其中n是层次级别。带正号的节点在多边形拟合表达中为加法运算，而带负号的则对应减法运算。基于层次树 H-tree，多边形可表示为所有节点（一个节点对应一个凸壳多边形 AP）的集成，具有下列表达式：

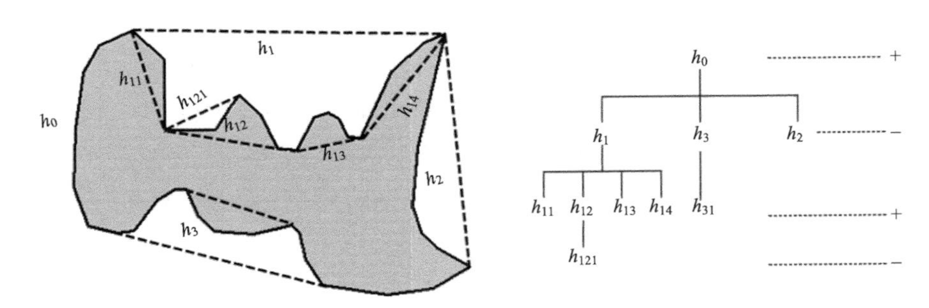

图 4-6　多边形凸壳剖分过程及其 H-tree 树表达示例

$$\text{Poly} = \sum_{i=1}^{m} (-1)^{n_i} h_i \tag{4-4}$$

式中，n_i为节点h_i的层次级别。该表达式即多边形 LOD 累积表达模型，其展开形式取决于对 H-tree 树的遍历方式。

通过对 H-tree 树的遍历建立线性索引结构，可以依据两个条件：①基于剖分等级数（在一个剖分等级内按面积递减排序）；②基于对应 AP 的面积递减顺序。基于条件①剖分等级，图 4-8（左）中的多边形可表示为

$$\text{Poly} = h_0 - (h_1 + h_2 + h_3) + (h_{11} + h_{12} + h_{13} + h_{14} + h_{31}) - h_{121} \tag{4-5}$$

该表达式是基于节点等级的线性索引而构建的，它是以深度优先的方式从上到下垂直扫描 H-tree，在相同的等级上所有节点具有相同的序（表达式中，每一对括号中的节点具有相同的序，尽管节点对应的凸壳多边形的几何特性可能相差很大）。依据该线性索引顺序，剖分等级高的节点其对应凸壳多边形的面积尽管很小，也将优先显示。图 4-7 是该 LOD 模型用于尺度变换的示例，其尺度变化的对象可能是多个对象的绑定。

基于条件②，按面积递减顺序建立线性索引，不考虑层次级别，顾计了视觉认知上的从整体到细节的变化规律，让大面积的节点优先出现。基于条件②，图 4-6 中的多边形可表示为

$$\text{Poly} = h_0 - h_1 - h_2 - h_3 + h_{12} + h_{31} + h_{14} + h_{13} + h_{11} - h_{121} \tag{4-6}$$

该表达式是基于凸壳面积降序的线性索引而构建的，将其用于尺度变换时，每一步变化的对象是一个凸壳，如果需要，也可以加括号实现变化的绑定。图 4-8 是

该 LOD 模型用于尺度变换的示例。该过程的数学表示方法如表 4-7 所示。

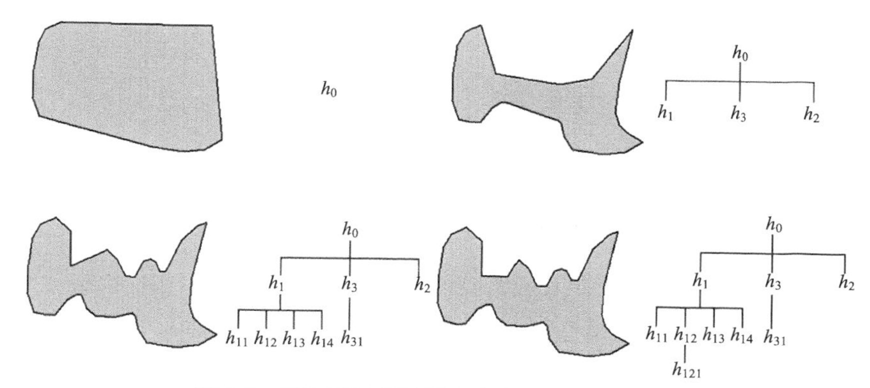

图 4-7　提取不同子树得到多边形不同拟合表达

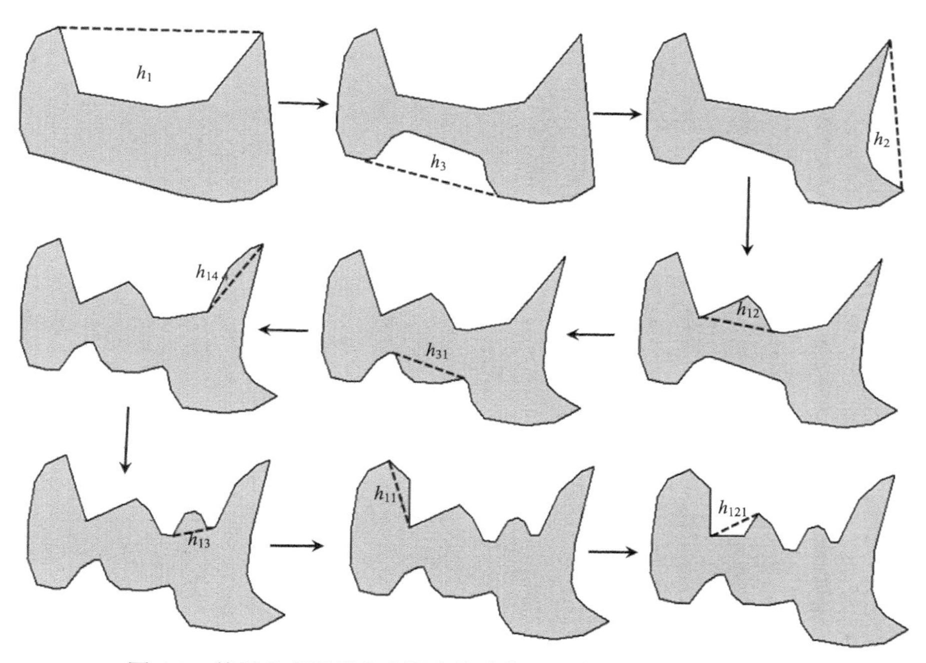

图 4-8　基于凸壳面积大小降序构建的线性序列的 LOD 尺度变换

表 4-7　基于凸壳面积大小多边形 LOD 尺度变换过程

$R(S_1)=h_0-h_1;$
$R(S_2)=R(S_1)-h_3=h_0-h_1-h_3;$
$R(S_3)=R(S_2)-h_2=h_0-h_1-h_3-h_2;$
$R(S_4)=R(S_3)+h_{12}=h_0-h_1-h_3-h_2+h_{12};$
$R(S_5)=R(S_4)+h_{31}=h_0-h_1-h_3-h_2+h_{12}+h_{31};$

$$R(S_6)=R(S_5)+h_{14}=h_0-h_1-h_3-h_2+h_{12}+h_{31}+h_{14};$$
$$R(S_7)=R(S_6)+h_{13}=h_0-h_1-h_3-h_2+h_{12}+h_{31}+h_{14}+h_{13};$$
$$R(S_8)=R(S_7)+h_{11}=h_0-h_1-h_3-h_2+h_{12}+h_{31}+h_{14}+h_{13}+h_{11};$$
$$R(S_9)=R(S_8)-h_{121}=h_0-h_1-h_3-h_2+h_{12}+h_{31}+h_{14}+h_{13}+h_{11}-h_{121}$$

4.2.5　复合型 LOD 尺度变换

目标级 LOD 模型用于尺度变换时，如果尺度变换的方向从大比例尺变到小比例尺，则其变换的效果类似于地图综合中的选取算子，因为其每一步变化的对象是一个或多个实体目标。几何特征级 LOD 模型用于尺度变换时，如果同样考虑从大比例尺变到小比例尺，则其尺度变换的效果类似于地图综合中的化简算子，因为其每一步变换的对象是一个或多个几何细节特征。这两种尺度变换都是在一个相对较窄的尺度范围内对复合或简单目标的拟合表达，其功效可类比于地图综合中某一单纯的综合算子，如选取和化简。但是，对于地理实体而言，其在尺度空间中的表达通常不只经历一种单一类型的变换形式，而且还包含一系列不同类型的变换操作。

以建筑群为例，这里所说的建筑群是指同一街区内多个建筑物所构成的复合目标。在大比例尺下，群内的各个建筑物以真实的轮廓形状表达，随比例尺缩小，建筑物的表达存在三种变化趋势。如果其自身的面积较大或者语义较为重要，则仍以独立的实体出现，但其轮廓形状必须进行简化，太小的拐角将被舍弃；如果其自身的面积和语义都不占优，并且周围没有相同类型的建筑物存在，则目标将被删除；如果其自身的面积和语义都不占优，但其周围存在相同类型的面积较大或者语义较为重要的建筑物，则目标将被合并到邻近的建筑物中去，以延长其表达的生命周期。

在尺度变换的过程中，这三种趋势同时存在，每一种变换对应于一个综合算子（如选取、化简、合并等），这些综合算子处于不同的操作层次，有的针对几何特征，如化简，有的针对目标实体，如选取、合并。在传统的尺度变换算子中，很难找到一个算子能将这些不同层次的多个操作集成起来，完成实体目标在一个较长的尺度范围内的尺度变换。本小节复合型 LOD 模型的提出即针对这种大尺度范围内、多种操作集成的尺度变换的一个尝试性探索。

本研究所提出的复合型 LOD 模型试图集建筑群综合过程中的选取、化简和合并三个算子的功效于一体，从而实现建筑群在大尺度范围内的多尺度表达。在几何特征级多边形 LOD 模型中提到，细节剖分单元在表达上具有两种基本作用，即正向作用和负向作用。其中，正向作用增强前景，负向作用增强背景。通过不同层次的正向、负向细节单元的逐步叠加，可以逐步逼近多边形目标的真实表达。在复合型 LOD 模型中，剖分单元的功效与该模型的设计初衷有关，包括三种基本功效。

一是选取/删除功效，表现为群目标本身或其内部组成元素的出现/消失，如图 4-9，从 R_4 变换到 R_5 时矩形表达的群目标随比例尺缩小而消失，反过来，从 R_5 变换到 R_4 时随比例尺的增大群目标以简化的矩形作为初始状态出现。二是简化/增强，表现为群内部组成元素的细节特征的出现或消失，如图 4-9，从 R_1 变换到 R_2 时，随比例尺缩小矩形 A 作为建筑物的细节轮廓被删除了。三是合并/分裂，表现为群内部两个组成元素之间的空白区域从背景变为前景，将两个元素衔接起来变为一个元素，如图 4-9，从 R_2 变换到 R_3 时，矩形 B 的作用即合并，反过来，从 R_3 变换到 R_2 时 B 的覆盖区域由前景变为背景，从而将一个元素分割为两个。

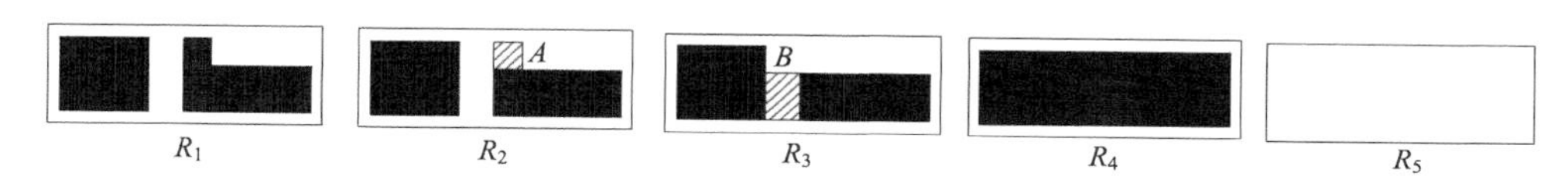

图 4-9　细节的三种类型：选取、简化和合并

复合型 LOD 尺度变换可用于较大的尺度范围，同时具有选取、化简、合并三种常规算子的功效。这些特性可以弥补传统的地图综合算子应用尺度范围狭窄的缺陷。

4.2.6　LOD 尺度变换评价

LOD 尺度变换依据不同的变化粒度，作用的基态是单个的线、面目标（如几何特征级 LOD 变换）或者群目标（如目标级 LOD 变换及复合型 LOD 变换）。LOD 尺度变换时间开销来源于两个方面。一是数据预处理：对于目标级 LOD 变换而言，表现为对各组成成员重要性的排序；对于几何特征级 LOD 变换而言，表现为几何细节特征的剖分以及线性索引的建立（如线 BLG 树、面 H-Tree 等）；对于复合型 LOD 变换而言，表现为几何特征的剖分、角色的确定以及线性索引的建立。二是尺度变换本身，表现为目标或者几何细节的出现和消失，是基于尺度的选取过程，由于事先已经确定了每一目标和细节出现的尺度，故尺度变换函数的效率很高。基于这两类不同的时间开销，可以采取离线和在线相结合的策略。对于前期数据预处理，以离线的方式完成，处理的结果显式存储。对于后期的尺度变换，由于是简单的基于尺度的选取，其时间效率高，可以采用在线的方式实时完成。

尺度变换过程中，每一步变化的粒度为一个或多个细节单元（目标或者几何构件），可以实现逐个细节单元的渐变或者多个细节单元的绑定，用于突变或者缓变（表 4-8）。

表 4-8　LOD 尺度变换特征分析

	在线	离线	点	线	面	多点	多线	多面	突变	缓变
目标级 LOD	√	√				√	√	√	√	√
几何级 LOD	√	√		√	√				√	√
复合型 LOD	√	√				√	√	√	√	√

4.3　形状渐变（morphing）尺度变换模式

以地图综合为代表的传统的尺度变换模式通常只作用于一个初始数据集，该模式只能作用于有限的尺度范围，一旦尺度跨度较大，变换的结果将会产生几何、拓扑等不一致现象。究其根源在于，在其变换模型中只有一个初始数据集，只能做一端控制，一旦与初始尺度偏离较远，无疑会产生不一致的后果。鉴于此，本书提出了一种新的、基于两端控制的尺度变换模式，即形状内插尺度变换模式。该模式的提出源于对计算机动画中 morphing 技术的学习。

4.3.1　morphing 尺度变换基本思想

morphing 技术起源于 20 世纪 90 年代，最早用于图像的渐变（也叫图像融合：image blending），是计算机动画、医学图像重构以及科学计算可视化领域中的一个热点问题。它的核心思想是在源图像和目标图像中间插值生成过渡图像，使得这些中间过渡图像同时具有源图像和目标图像的特征。从源图像到目标图像的 morphing 的变换过程表现为源图像逐渐扭曲并渐淡，目标图像逐渐显出，逆变换正好相反。后来有学者将其用于矢量数据的渐变，并获得了矢量图形连续综合和多尺度表达效果（Sester and Brenner，2004；Nöllenburg et al., 2008）。矢量数据 morphing 变换的基本思想与图像数据 morphing 变换的思想大体相同，也是给定两个已知状态关键帧 A、B（曲线或多边形），然后通过形变函数 F 对两给定状态进行交叉溶解（cross-dissolving）内插出中间状态（张强等，2011；李精忠等，2014；李精忠和张津铭，2017；李精忠和方文江，2018；晏雄锋等，2018）。在交叉溶解的过程中，如果状态 A 的权重大于 B，则内插出的中间状态更像 A，反之则更像 B。

4.3.2 morphing 尺度变换模型

模型的基本思想是将 morphing 引入 GIS 数据的尺度变换，将输入的两个几何形体分别设定为尺度空间上的两个不同尺度点上的表达（尺度点的距离可以相差较远），通过 morphing 变换而得到中间尺度的表达。基于 morphing 的尺度变换模型可以表示为 $R_s = M(g_0, g_1, S)$，其中，g_0、g_1 为两关键尺度下的表达基态（作为关键帧），M 为 morphing 变换算子，S 为待插值的中间尺度。该模型的实现方式为在线式变换输出中间尺度的任意表达，两个基态是关键尺度点上的表达，模型的尺度作用域为两个关键尺度决定的尺度闭区间。将该模型用于尺度变换的意义在于：只要给定目标在尺度空间中两个关键点上的表达状态，就可以通过 morphing 变换内插出由两关键点界定的尺度区间内任意尺度点上的表达，从而实现实体在其生命周期内表达状态的平滑过渡。

morphing 尺度变换中的尺度控制作用由尺度点距初始尺度或终止尺度的距离远近决定，通常将其归一化后变为[0,1]。该模型下输出的新尺度表达受两端基态表达的控制而内插出中间表达，与传统地图综合技术只受一端控制的尺度变换相比，morphing 变换效果要好。图 4-10 为曲线 morphing 变换的示例，在尺度 S_1 和 S_2 控制下，给出 $[S_1, S_2]$ 的任意一个尺度 $S \in [S_1, S_2]$，可通过内插变换输出对应的表达。

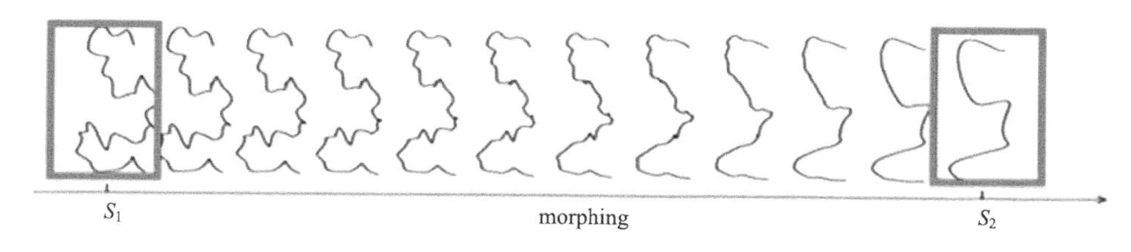

图 4-10　两端关键尺度控制下的 morphing 变换实现曲线的化简

该尺度变换取决于 morphing 变换函数，4.3.2 节的两种实现方法中，基于线段匹配的方法，顾及了曲线的特征点，变换效果较好。实际的应用中，还需要顾及多尺度空间数据表达的专业要求，变化的步数、变换的速度应与地图综合条件联系起来，如语义特征产生的影响，要求对具有某种语义的目标夸大表示，在函数中通过加权来体现。morphing 函数的执行也可看作是一个地图综合、图形抽象的过程，常规的地图综合算子完成大比例尺向小比例尺变换后的输出结果，已知条件只有一端，即大比例尺图形表达，而 morphing 变换的已知条件是两端，综合的程度在两端控制下不至于偏离太远。morphing 输入的两个基态不能是任意的，不能跨越尺度太大，两个表达要有一定的相似性，如几何维数要相同（将多边形形式的双线河表达与中轴线形式的单线河表达作为输入，很难内插出中间尺度的表达）。

从算法实现的角度，矢量数据的 morphing 变换包括两个基本问题：顶点对应问题和插值路径问题。整个变换流程为：先建立关键帧节点之间的对应关系，然后通过插值路径和形变函数确定渐变的中间图形。对应关系是 morphing 变换的关键，它直接影响着内插帧质量的高低，错误的对应关系必将导致中间帧状态的扭曲，正确的对应关系才能产生平滑的过渡。关于对应关系的建立，存在两种不同的方法：基于点匹配的方法和基于线段匹配的方法，这两种不同的方法对应着 morphing 变换两种不同的实现。

4.3.3　基于点匹配的 morphing 尺度变换

基于点匹配方法的基本思想是，在两关键帧的节点之间建立一一映射关系，映射关系中的每一个元素由一对对应节点构成(P_i,P_i')，为简单起见，以 P_i,P_i' 构成的线段 $\overline{P_iP_i'}$ 作为内插路径，则依据中间帧尺度的大小可以在内插路径上唯一地确定一个内插帧上的节点，系列节点的有序集合即构成了内插中间帧的表达（曲线或多边形）。该方法的思路简单，其实现有一个前提，即能够在两关键帧的所有节点之间建立一一映射关系。但是，在实际应用中两关键帧的节点数目往往是不相等的。这就需要在节点数较少的一端临时插入一批节点，以保证一一映射。节点插入需要回答的问题是“在什么位置插入节点”，针对该问题，已有的文献提出了不同的实现方法。这里，提出一种简单的线性插值方法，即遍历待插值曲线上的所有节点，计算两相邻节点之间的距离，取距离最大者沿正中间分裂，插入临时节点，重复该过程直至两关键帧节点数目相等为止。

按照矢量数据 morphing 变换的基本思想，为了确定中间状态 R_s 的表达，必须先建立两关键帧 R_1 和 R_2 的节点匹配关系。由于前面的插值过程保证了 R_1 和 R_2 具有相等的节点数，为简单起见，可直接按两坐标串的下标索引来建立节点对应关系，即 R_1 的 P_i 对应于 R_2 的 P_i'。因此，对于每一个下标 i 都可以建立一对匹配关系：

$$\{P_i(x_i,y_i),P_i'(x_i',y_i')\} \tag{4-7}$$

接下来要做的是，基于这一匹配关系建立一个形变函数。形变函数的实质是一类特殊的几何变换。与仿射变换、投影变换不同的是，形变函数由节点对应关系定义，其参数连续性可以用来描述图形渐变的平滑性。定义形变函数如下：

$$P_i^S = P_i + \Delta P \text{，　其中 } \Delta P = \left|P_i - P_i'\right| \times S_f \tag{4-8}$$

式中，S_f 为尺度控制因子，与曲线 R_s 所关联的尺度密切相关，其取值范围为[0,1]。当 $S_f = 0$ 时，$P_i^S = P_i$，即 $R_s = R_1$；当 $S_f = 1$ 时，$P_i^S = P_i'$，即 $R_s = R_2$。S_f 的数值可

按式（4-9）确定：

$$S_f = \frac{\frac{1}{S} - \frac{1}{S_1}}{\frac{1}{S_2} - \frac{1}{S_1}} \tag{4-9}$$

式中，S、S_1 和 S_2 分别为表达 R_s、R_1 和 R_2 所在的比例尺，由于 $S_2 \leqslant S \leqslant S_1$，故 $0 \leqslant S_f \leqslant 1$。实际应用中，根据地图载负量等因素，$S_f$ 可以有不同的取值方式，如 Cecconi（2003）认为，$S_f = \left(\frac{\frac{1}{S} - \frac{1}{S_1}}{\frac{1}{S_2} - \frac{1}{S_1}}\right)^{0.35} \times 100$ 比较适合于 1∶25000 到 1∶200000 的尺度变换。

基于点匹配方法的 morphing 变换的效果与以下两个方面密切相关：一是补充节点的内插方法。在此，使用的是最简单的基于节点间距的线性内插方法，该方法保留了关键帧 R_2 的原始形态。实际上，还有基于原始曲线走势的曲线内插方法，如 B 样条曲线内插法，该方法在遵循原始曲线大体走势的前提下对局部区域稍加平滑，因此对 morphing 变换的结果也稍有影响。二是节点密集程度。理论上，关键帧节点数目越多、相邻节点间距越小，则 morphing 变换的效果越好，反之，则效果越差。

4.3.4 基于线段匹配的 morphing 尺度变换

基于线段匹配方法的基本思想是，依据曲线上的特征点将曲线分为若干子曲线段，在两关键帧的子曲线段之间建立映射关系，然后基于匹配的子曲线段建立形变函数实现 morphing 变换。该方法的实现存在三个主要步骤：曲线分段、曲线段映射、构建形变函数。

第一步，曲线分段。该步骤的实现关键在于寻找曲线的特征点，曲线的特征点主要包括拐点、极值点，以及起点和终点。在 GIS 领域，关于曲线特征点的探测有较多成熟的算法，如经典的 Douglas-Peucker 算法、垂足法和光栏法、基于自然规律的宏观综合法（Li and Openshaw，1992）、最小面积重复删除法、顾及精度的较长距离边端点寻求法等。

第二步，曲线段映射。设两关键帧的子曲线段序列分别为 $R_1:\{f_1,\cdots,f_n\}$，$R_2:\{g_1,\cdots,g_m\}$，则对任意的 f_i 存在如下五种关联关系：f_i 关联（映射）g_j 的最后一个特征点 g_j^{last}（也就是说 f_i 消失）；g_j 关联（映射）f_i 的最后一个特征点 f_i^{last}（也就是说 g_j 消失）；f_i 关联（映射）g_j，即一对一的关系；f_i 关联（映射）多个 g_j，即一对多的关系；多个 f_i 关联（映射）一个 g_j，即多对一的关系。

既然存在多种映射的可能，就需要在上述 5 种映射中寻找一个最优的映射，这就涉及 f_i 与 g_j 相似性的量度。关于曲线或多边形相似性的量度是一个较为复杂的问题，一般的解决思路是以曲线距离为量度基准，如 Alt 和 Godau（1995）提出的 Fréchet 距离等。在计算曲线距离时，往往先将曲线进行归一化表达，然后在统一的量度空间进行距离计算，如类正切空间（similar tangent space）。设在类正切空间中，f_i 和 g_j 的对应表达分别为 α 和 β，f_i 上的每一点 $\alpha(u)$ 移动到 g_j 上的一点 $\beta(u)$ 的距离为 $\|\alpha(u)-\beta(u)\|$，则 f_i 到 g_j 的距离可表示为

$$d(f_i, g_j) = \int_0^1 \|\alpha(u)-\beta(u)\| \mathrm{d}u \tag{4-10}$$

该距离即表达了 f_i 与 g_j 的相似性，d 越大相似性越差，d 越小相似性越好。基于这一公式可计算任意 f_i 与 g_j 的距离并以矩阵 $T[i,j]$ 记录之。

假定 F 是 R_1 到 R_2 的一种对应，$F:\{f_i\}\to\{g_j\}$，则表达 R_1 与 R_2 的整体相似性为

$$D(R_1, R_2, F) = \sum_{i=1}^{n} d[f_i, g_{F(i)}] \tag{4-11}$$

当该表达式取得最小值时，就得到 R_1 与 R_2 的最优对应。因此，问题转化为如下优化问题。

$$\min[D(R_1, R_2, F)] \tag{4-12}$$

关于此类优化问题的求解可以采用动态规划的方法来完成。

第三步，构建形变函数。先插值加密两对应的子曲线段，然后在两段对应的子曲线段上分别取出相同数目的节点，并按照弧长比例一致的原则进行匹配，从而建立两关键帧节点之间的整体对应关系。为简单起见，依旧采用线性插值的方法构建形变函数。

4.3.5　morphing 尺度变换评价

morphing 尺度变换作用的基态有两个，它们既有相同的几何维度又有不同的抽象程度，但都是对同一目标的表达，一般来说主要用于线或面目标的形状内插。morphing 尺度变换时间开销来源于两个方面：一是两关键帧之间的节点或者线段匹配，节点匹配算法效率相对较高，线段匹配算法效率相对较低。二是中间帧内插，依据内插算法的不同，效率高低不等，常规的内插算法效率较高，可在线实施。对于关键帧的匹配，可以离线的方式完成，处理的结果显式存储。对于后期的中间帧内插，其时间效率高可以采用在线的方式实时完成。尺度变换过程表现为目标的连

续动态变化，属于缓变（表 4-9）。

表 4-9　morphing 尺度变换特征分析

	在线	离线	点	线	面	多点	多线	多面	突变	缓变
点匹配	√	√		√	√					√
线段匹配	√	√		√	√					√

4.4　等价尺度变换模式

这里的等价变换指对输入的基态表达不做任何变换，原封不动等价输出，表现为直接从数据库中提取某一尺度点表达输出。等价尺度变换表示为：$R_s = E(g_0, S) = g_0$。其中，E 为等价尺度变换函数，g_0 为基态。图 4-11 为湖泊多边形融合在不同尺度下的版本结果，显式存储后作为表达基态，在线式运行时，根据尺度条件选择对应的版本直接输出。

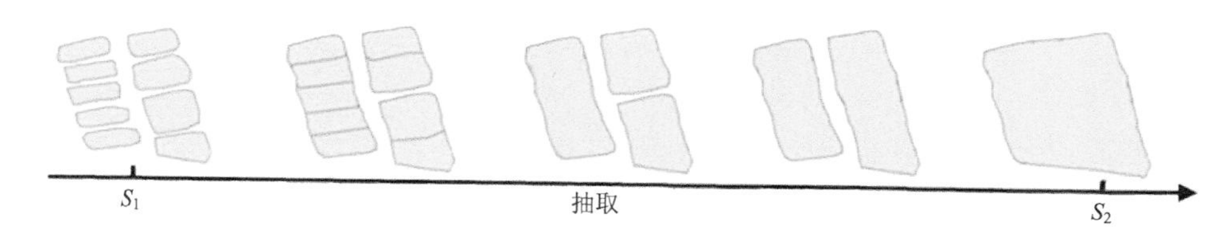

图 4-11　等价尺度变换示例

在线式环境下，该变换对尺度表达没有什么贡献作用，真正的尺度变换是在离线式环境下，通过其他变换操作得到的不同尺度表达结果序列，即表达基态，该结果按尺度系列顺序存储供等价尺度变换调用。等价尺度变换的基态数量多，每个基态对应一段尺度范围内的表达，因此该变换是离散的，当尺度演变到下一个尺度段时输出对应的新基态，即跳跃变化。在线式环境下，由于等价变换没有几何变换函数运行，在时间花费上代价最低，所以可实时输出。但其不足之处在于过多的基态显式存储使得服务器端数据量大，离线式环境下的尺度变换工作量大。

既然等价尺度变换并不是真正的尺度变换，为什么还要列出来？这是因为，该方式的尺度变换在实际应用中存在，传统的多版本数据库即基于这种模式而构建的，故在此以“等价”命名将其列出来。

等价尺度变换作用的基态可以是任何几何类型，其时间开销来源于两个方面：一是离线预处理，对处理的结果全部显示存储。二是在线访问，直接提取对应的结果即可。由于存储的表达数量有限，尺度变换过程表现跳跃式突变。

4.5　多模式的集成与评价

4.5.1　多模式集成

在面向对象的框架下，生命周期模型对四种尺度变换模式的集成主要运用了面向对象建模中的继承和封装两种技术手段。继承用于对四种模式的划分；封装用于对尺度变换算子的集成（图 4-12 和图 4-13）。

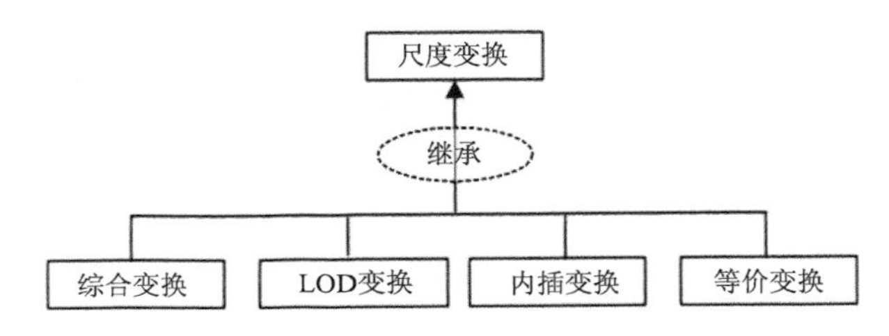

图 4-12　基于面向对象继承性的四种模式集成

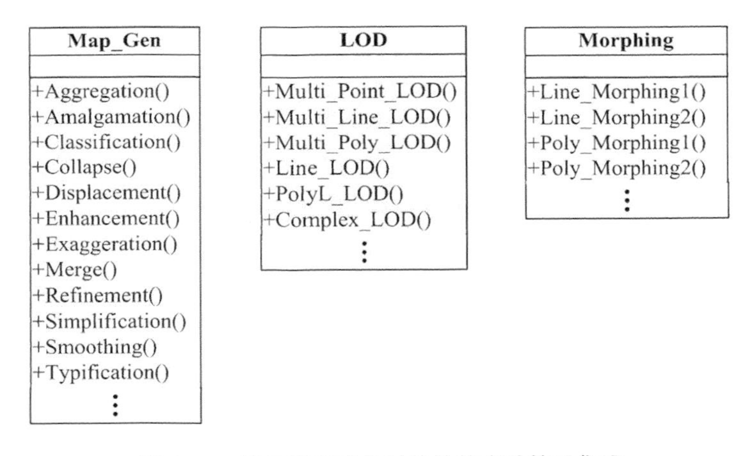

图 4-13　基于面向对象封装性的多种算子集成

4.5.2　四种尺度变换模式评价

基于对四种尺度变换模式的分析，可以发现各类尺度变换具有如下特征。从作用的基态来看，地图综合、LOD 和等价变换可作用于所有的基态类型，而 morphing 目前主要用于线和面状要素。从算法效率来看，地图综合算子效率参差不齐，环境依赖型算子运用时要考虑邻近目标，其效率较低，可以离线方式完成，而环境独立型算子效率较高，可以在线方式完成；LOD 模式，其时间开销来源于两个方面，即前期预处理和尺度变换本身，预处理效率低下，以离线方式完成，而尺度变换效率高，以在线方式完成；morphing 模式其节点或者线段的匹配效率低下，以离线方式完成，内插函数效率较高，以在线方式完成；等价尺度变换，其变换过程表现为尺度的映射，算法效率高，可以在线方式完成；从尺度敏感性来看，地图综合算子多为突变类算子，只有少量几个缓变算子（如化简、光滑等）；LOD 算子可以单个细节或多个细节绑定出现，其尺度敏感性较好，可同时用于尺度突变或者缓变；morphing 算子由于是内插方法，尺度敏感性高，适用于尺度缓变；等价尺度变换受存储版本的限制，尺度敏感性较低，表现为跳跃式的突变（表 4-10）。

表 4-10　四种模式尺度变换特征分析

	在线	离线	点	线	面	多点	多线	多面	突变	缓变
地图综合	√	√	√	√	√	√	√	√	√	√
LOD	√	√	√	√	√	√	√	√	√	√
morphing	√	√	√	√	√					√
等价	√	√	√	√	√	√	√	√	√	

4.6　本 章 小 结

生命周期模型的一个重要特征是将动态的尺度变换操作集成到数据模型中，改变传统的数据模型只记录静态表达的单一模式，从而让数据的表达“活”起来，具有生命特征。尺度变换是让 GIS 数据表达“动起来”的根本，本章从两个角度对传统的尺度变换模式进行了扩展：一是提出了一种基于变化累积的尺度变换模式，该模式改变了传统的基于函数变换的尺度变换模式，具有小数据量、大跨度、多算子集成、操作简单等特性，为 GIS 数据尺度变换提供了基于数据组织的新视角；二是提出了一种基于首尾两端控制的形状内插尺度变换新模式，该模式能以内插的方式动态地导出连续光滑的数据流，突破了传统的地图综合尺度变换注重综合结果的局限性。

第5章 基于图结构的多尺度数据组织

生命周期模型设计的初衷之二是针对地理信息系统数据表达的尺度空间，将传统的面向尺度点的表达拓展为面向尺度区间的表达。这涉及GIS数据在不同尺度范围内的表示和演化，以及如何有效地组织这些表达和操作，以构建一个面向尺度区间的动态多重表达。GIS数据通常以不同的尺度来捕捉地理现象。每个尺度下，数据以某种方式表示，对于某些应用，特别是需要在多个尺度下进行分析的情况，传统的点对点的尺度表达不足以满足需求。因此，尺度区间的概念逐渐被重视，它允许数据在一个连续的尺度范围内进行表达，而不仅仅是单一尺度。这种连续性的表达需要一种方法来描述数据在不同尺度下的演化过程，这正是生命周期模型的目标之一。本章研究旨在探索如何通过图结构来描述大跨度尺度空间内的动态尺度演化过程。

生命周期模型的核心思想是将GIS数据的表达过程看作是一个动态的过程，其中数据在不同尺度下的表达是由基态和尺度变换操作来描述的。基态是指数据在尺度空间的基本表达状态，而尺度变换操作是将数据从一个尺度变换到另一个尺度的过程。通过将尺度变换应用于基态，可以实现在任何尺度上的数据表达。这意味着GIS数据的演化是一个连续的、多尺度的过程，可以在尺度区间内自由切换和操作。生命周期模型的一个重要特点是，它将数据的生命周期与尺度变换和操作相关联，形成一个动态的数据模型。

图结构是一种用于表示事物及事物之间联系的工具，它在网络分析、社交网络和复杂关系建模中得到广泛应用。然而，图结构不仅可以表示事物和它们之间的关系，还可以用于描述状态及状态的变化，因此也适用于动态过程的描述。在本章中，图结构被用于实现对大跨度尺度空间内动态尺度演化过程的描述。图中的节点表示数据的状态，边表示状态之间的转换或变化。因此，可以将数据的生命周期建模为一个图，其中节点代表不同尺度下的数据状态，边表示尺度变换操作。通过分析图结构，可以了解数据如何在不同尺度下演化，并执行相关操作以满足不同的分析需求。通过结合图结构和动态数据模型，生命周期模型为地理信息系统提供了一种新的方法，用于有效地描述和操作大跨度尺度空间内的地理数据，从而满足不同应用领域的需求。这一模型不仅丰富了GIS领域的研究，还为地理数据的动态演化提供了新的理论和方法支持。

5.1　图与超图的基本概念

5.1.1　图的基本概念

1. 图的定义

图论（graph theory）是数学的一个分支。它以图为研究对象。图论中的图是若干给定的点及连接两点的线所构成的图形，这种图形通常用来描述某些事物之间的某种特定关系，用点代表事物，用连接两点的线表示相应两个事物间具有这种关系。

在平面图论中（Berge，1973），将图定义为一个偶对$G=[V(G),E(G)]$。其中，$V(G)$是一个有限的非空的顶点集合，一般表示为$V(G)=\{v_1,\cdots,v_n\}$。$E(G)$是边的集合，一般表示为$E(G)=\{e_1,e_2,\cdots,e_m\}$，其中$e_i$为$\{v_j,v_t\}$或$<v_j,v_t>$，若$e_i$为$\{v_j,v_t\}$，则称$e_i$为以$v_j$和$v_t$为端点（end vertices）的无向边；若$e_i$为$<v_j,v_t>$，则称$e_i$为以$v_j$为起点、$v_t$为终点的有向边。每条边都是无向边的图称为无向图；每一条边都是有向边的图称为有向图；图中不全是有向边，也不全是无向边的图称为混合图；依附于节点的边的数目称为该节点的度，有向图中，把以节点v为头的弧（有向图的边）的数目称作节点v的入度，而把以v为尾的弧的数目称为节点v的出度，节点v的出度与入度之和就是它的度；关联于同一条边的两个节点称为邻接节点；不与任何节点相连接的节点称为孤立节点（度数为0的节点）；关联同一节点的两条边称为邻接边；两端点相同的边称为环；两个节点间方向相同的若干条边称为重边；两端点相同但方向相反的两条边称为有向边；在图$G=[V(G),E(G)]$中，从节点v_p到节点v_q的路径是节点序列$(v_p,v_{i1},v_{i2},\cdots,v_{in},v_q)$，且$(v_p,v_{i1}),(v_{i1},v_{i2}),\cdots,(v_{in},v_q)$是$E(G)$中的边。

2. 图的表示方法

一个图可以用图解法、矩阵法、代数法以及其他方法来表示（毋河海，1991；Mackaness and Beard，1993）。

1）图解法

在图论中，一个图可以用一个几何图形来描述。图的每个顶点用几何点（为清晰起见，点往往被画成小圆圈）来表示，有向图中的每条边用一条从起点对应的点连到终点对应的点的有向曲线段来表示，无向图中的每条边用一条连接两端点对应的点之间的线段来表示。这样的图形称为图的图形表示（diagrammatic representation）。图形表示法比较直观，有助于图的概念的和性质的理解。必须指出，图是一个抽象的数学概念，尽管能用图形来表示，使图的结构形象化，但是图的定义与这些图形毫不相干。

2）矩阵法

在计算机中，通常使用邻接矩阵、加权邻接矩阵和拉普拉斯（Laplace）矩阵来表示图。对于图$G=(V,E)$，邻接矩阵$A_G(i,j)$是一个大小为$|V|\times|V|$的矩阵，其中它的行和列都表示图G中的顶点，当某两个顶点(i,j)之间有边，则该矩阵中对应的元素值为1，否则为0，可用式（5-1）表达：

$$A_G(i,j)=\begin{cases}1 & \text{if}(i,j)\in E \\ 0 & \text{otherwise}\end{cases} \tag{5-1}$$

可见，邻接矩阵是二值的，即只用 0 和 1 来描述图顶点的连接关系。对于图$G=(V,E)$，加权邻接矩阵$\widehat{A}_G(i,j)$是一个大小为$|V|\times|V|$的矩阵，它的行和列都表示图G中的顶点，当某两个顶点(i,j)之间有边，距离为$d(i,j)$时，则该矩阵中对应的元素值为$e^{-\frac{d^2(i,j)}{\sigma^2}}$，否则为0，可用式（5-2）表达：

$$\widehat{A}_G(i,j)=\begin{cases}e^{-\frac{d^2(i,j)}{\sigma^2}} & \text{if}(i,j)\in E \\ 0 & \text{otherwise}\end{cases} \tag{5-2}$$

对于图$G=(V,E)$，$A_G(i,j)$是图G的邻接矩阵，$D_G(i,j)$是图G的对角矩阵，$D_G(i,j)=\text{diag}(d_{v_1},d_{v_2},\cdots,d_{v_n})$，矩阵$L_G(i,j)=D_G(i,j)-A_G(i,j)$即图$G$的拉普拉斯矩阵。

邻接矩阵和拉普拉斯矩阵都是实对称矩阵，便于矩阵分解，邻接矩阵的行、列之和反映顶点的度，拉普拉斯矩阵的对角线直接反映顶点的度。此外，拉普拉斯矩阵的特征值是非负值，方便使用。加权邻接矩阵不但是对称矩阵，其矩阵元素值还反映出邻接顶点间的距离关系，更好地描述了关联图的结构。

3）代数法

人们经常用数学模型来抽象和简化现实世界。例如，在商业领域中，函数$A=P(1+r)^n$表示将本金P存入银行账户，利率为r，存放n年后，其总额将变为A。图论也是对现实问题的抽象和简化，使得人们可以更好地理解事物间的关系。用点（节点）代表事物，用边代表事物间的关系。其形式化的数学表示如5.1.1节中的定义所述。

5.1.2 超图的基本概念

1. 超图的定义

超图的概念是图的概念的一个扩张（Berge, 1973；毋河海，1991）。在很多问题中图的概念受到限制，因为它对应着集合上的二元关系。在图$G=(V,E)$中，E的每一个元素可以看作是V的一个二元子集。

设$V=\{v_1,v_2,\cdots,v_n\}$是一个非空的有限集，令$E=\{e_1,e_2,\cdots,e_m\}$是V的m个子集的一个组，称二元组$H=(V,E)$为一个超图，若$e_i\neq\varnothing$（i=1,2,…, m），且$\bigcup_{i=1}^{m}e_i=V$。n称为超图H的阶，$\max|e_i|$称为H的秩，记作$r(H)$。V的元素称为H的节点，而E的元素称为H的边。

超图也可以用图解法和矩阵法来表示。用平面上的一些几何的点来代表H的节点，若$|e_i|>2$，用一条封闭的曲线把e_i的元素围起来；若$|e_i|=2$，则用一条曲线连接e_i中的两个节点；若$|e_i|=1$，则用一条闭合曲线连接e_i中的唯一一个节点和它自身。图 5-1 即一个超图，它的节点集为$V=\{v_1,v_2,v_3,v_4,v_5,v_6,v_7\}$，边集为$E=(\{v_1,v_2,v_3\},\{v_2,v_3\},\{v_3,v_5,v_6\},v_4)$。

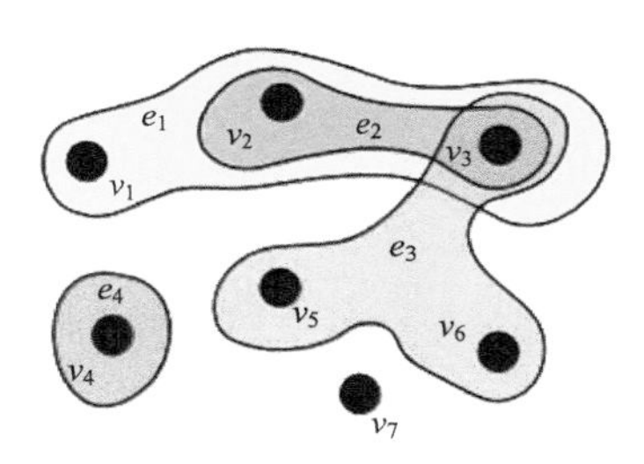

图 5-1　超图的图解表示

按照定义，超图中的每一个节点至少属于一条边，即没有“孤立节点”，若超图的任意两条边均不相同，则称H是简单图。若H的一条边同时含有两个节点，则这两个节点称为邻接；若H的两条边至少有一个公共节点，则称这两条边是邻接的；若$v_j\in e_i$，则称节点v_j和边e_i是关联的。

2. 超图数据结构

法国数学家 F. Bouille 于 1997 年在超图和集合论的基础上提出了超图数据结构（hypergraph based data structure，HBDS），该数据结构通过使用类别、对象、属性和关系这四种抽象数据类型来描述地理现象和空间的关系。这四种抽象数据类型分别表示集合、元素、性质与联系。根据这四种抽象数据类型，可以构成六种用以定义超图数据结构中表示现象的基本单元：类、类属性、类关系、对象、对象属性、对象关系（图 5-2）。

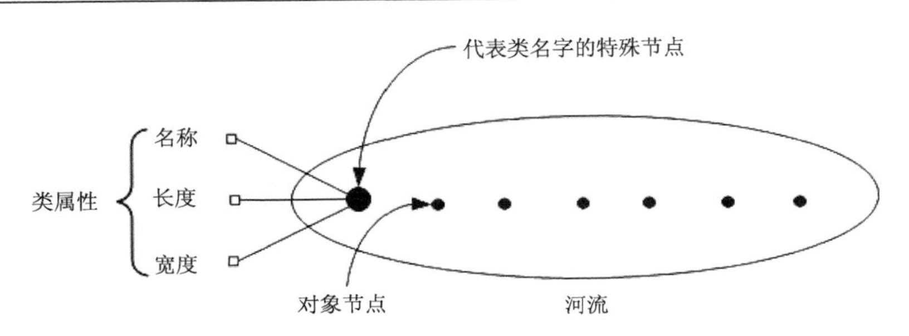

图 5-2　超图数据结构中的类、对象、属性的表示

类：类是同类对象的集合，它们具有相同的一些性质并可能表示成相同的关系。在超图中是用环绕着集合的某些元素的一条边和一个代表类名字的特殊节点来表示类。

类属性：类属性即类别的性质，是由特殊节点表示的评价值。

对象：类的元素即对象。一个类别中的对象的个数不受限制。

对象属性：对象属性是类别属性的具体体现。

类关系：类关系表明在同一类别或不同类别物体之间可能的联系。在两个类别之间可有多种联系，每一种联系表示不同性质的联系。这些联系由超图类别间连接的弧线来表示。类关系有层次性关系和非层次性关系两种（图 5-3）。

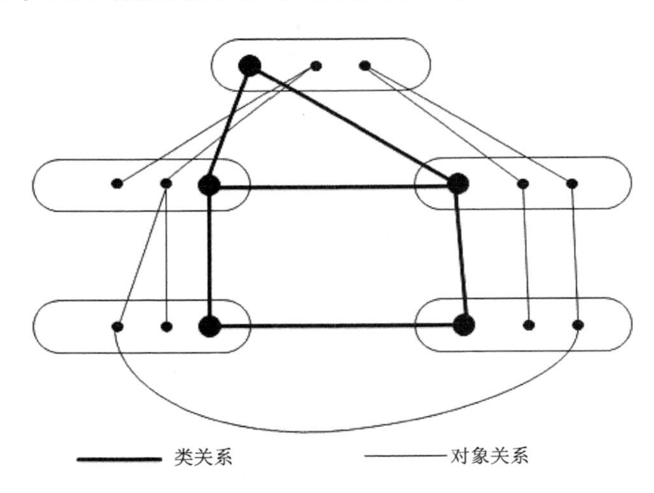

图 5-3　超图数据结构中联系的表示

对象关系：对象关系表示对象之间实际存在的联系，用以描述特定的现象。同样地，对象关系也有层次性关系和非层次性关系两种。

5.2　演化链图

5.2.1　生命周期模型与图

生命周期模型研究的对象是GIS数据的多尺度表达，模型的一个基本观点认为，在尺度线性空间中，这些表达之间并非相互独立，而是存在着“派生”关系，即小比例尺下的表达可以从大比例尺下的表达“派生”出来。例如，大比例尺下河流以双线的形式表示，小比例尺下抽象为单线形式的概括表达，而单线可以通过双线派生出来，该派生操作对应于地图综合中的收缩算子。在这个例子中，双线和单线是河流实体在尺度空间的两个表达，收缩算子是关联两个表达之间的操作。图论是关于事物及事物之间联系的学问，现实世界的实体或事物在图中表示为节点，实体和事物之间的关系在图中表示为边，而生命周期模型中的实体的表达和尺度变换关系正好可以类比图的两个基本元素（表达对应于图中节点，尺度变换关系对应于图中的边），因此可以用图来实现对生命周期模型的逻辑数据组织。

考察如图 5-4 所示的场景，该场景是某街区建筑物群在尺度空间中的系列表达快照。如果将整个街区看作是一个复合目标，则其存在的尺度范围（生命周期）为 $[S_0,S_4]$。随尺度的增大，其所经历的尺度变换序列为：化简、合并、消失。在 S_1 尺度处，建筑物表达 1、2、3 分别化简为 5、6、7；在 S_2 尺度处，表达 5、6 合并为表达 8，表达 7 因各种约束（如最小上图面积等）而消失，表达 4 化简为表达 9；在 S_3 尺度处，表达 8、9 合并为单一表达 10；在尺度 S_4 处，表达 10 因各种约束而消失，整个街区建筑物群表达的生命周期至此结束。其间存在基元表达形态 $\{1,2,3,4,5,6,7,8,9,10\}$，尺度变换{化简，合并，删除}。其中，由简化操作而派生的表达 5、6、7、9 可以视为非关键性表达，由合并操作派生的表达 8、10 可以视为关键性表达（即基态）。至此，可进一步得出生命周期中的基态 $\{1,2,3,4,8,10\}$，非基态表达 $\{5,6,7,9\}$。

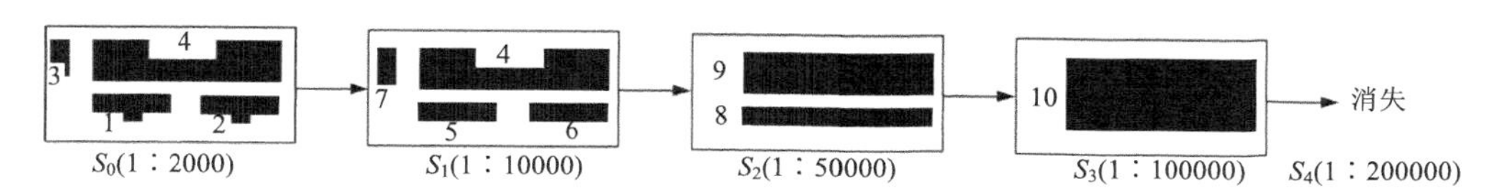

图 5-4　街区建筑物群尺度变化过程

可以用链图的形式来描述整个建筑物群表达形态的发展过程，如图 5-5 所示。用图论的方法进一步抽象图 5-5，用尺度链（图中的边）表示相邻表达之间的派生关系，可得到图 5-6。在图 5-6 中，图的顶点表示在尺度点上发生空间变化所形成的新的表达，图的边表示两个顶点所关联表达之间的基于尺度的派生关系。其中，具有尺度派生关系的边称为“尺度变换边”，由两个顶点 A、B 与一条连接 A、B 两点的边 E_{AB} 组成。顶点 A、B 分别表示发生变化的尺度点 S_i、S_j 以及变化所产生的新的表达 A、B。在 B 点同时反映了表达 A 的结束尺度，所以表达 A 的生命周期是 $S_A = S_j - S_i$。

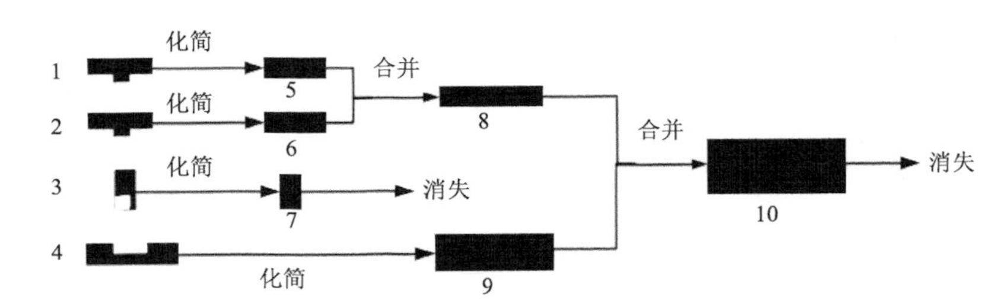

图 5-5　建筑物表达形态基于尺度变换的链接图

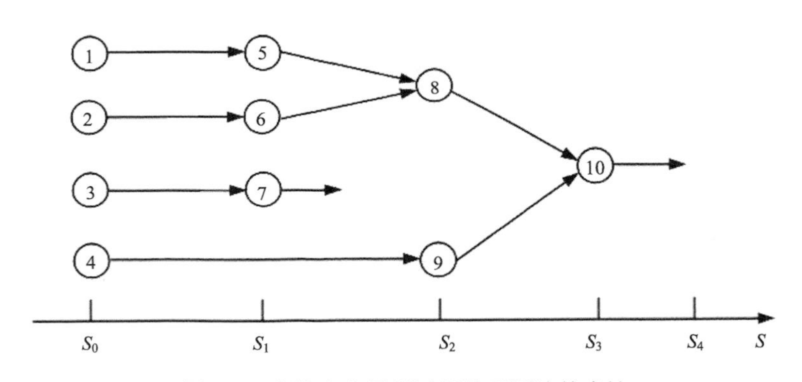

图 5-6　表达生命周期过程基于图论的表达

将图 5-6 中的边在水平方向（尺度轴）投影，可以得到图 5-7。尺度可以看成是一条直线，被每次变换而中断，一个实体的某种表达状态可以看成是代表其周期的线段，一个变换是打破一个状态建立另一个状态。图 5-7 能显式展示建筑物每一表达的创建尺度（虚线）、生命周期（实线）和表达之间的尺度派生关系，进而隐式地涵盖了尺度事件的基本信息，即能够回答“在什么尺度点上、针对什么表达、发生了什么尺度变换、得到了什么结果”等问题。

从图 5-7 可以读出如下信息：1、2、3、4 是初始表达，其创建尺度皆为 S_0，其中 1、2、3 的表达生命周期为 $[S_0, S_1)$，4 的表达生命周期为 $[S_0, S_2)$；5、6、7 为派生表达，派生操作皆为化简，创建尺度为 S_1，表达生命周期为 $[S_1, S_2)$；8、9 的创建尺度为S_2，派生操作分别为合并和化简，表达生命周期皆为$[S_2,S_3)$；10 的创建尺度为S_3，派生操作为合并，表达生命周期为$[S_3,S_4]$。

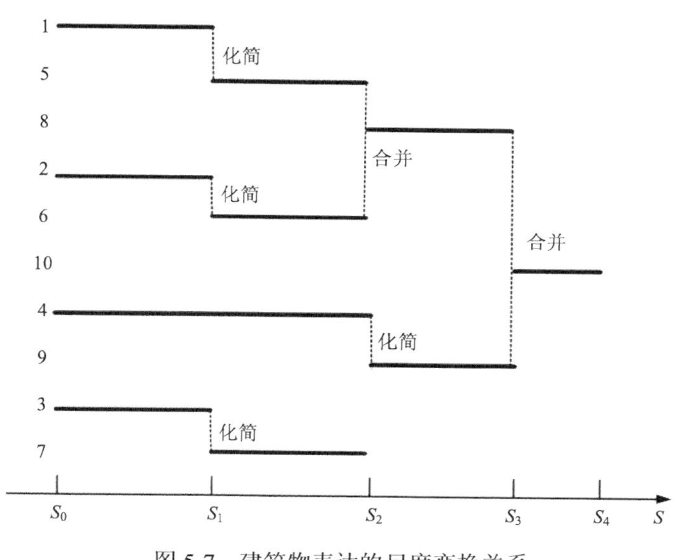

图 5-7　建筑物表达的尺度变换关系

图中实线表示某一表达的生命周期；虚线表示尺度变换发生的尺度点

5.2.2　演化链图的定义

生命周期模型反映了实体表达在尺度线性空间中的变化过程，在本研究中，用于描述这一变化过程的图，被称为实体表达在尺度空间中的“演化链图”。如果将实体在某尺度S_i下的表达记为R_i，相邻两个表达之间的派生关系记为T_i，则演化链图可形式化地表示为$G=(V,E)=(R,T)$。其中，R为实体表达的集合，$R=\{R_1,R_2,\cdots,R_n\}$；T为尺度转换关系的集合，$T=\{T_1,T_2,\cdots,T_m\}$。以图 5-5 为例，其演化链图可表示为$G=(V,E)=(R,T)$，$R=\{1,2,3,4,5,6,7,8,9,10\}$，$T=\{T_{1\text{-}5},T_{2\text{-}6},T_{3\text{-}7},T_{4\text{-}9},T_{5\text{-}8},T_{6\text{-}8},T_{8\text{-}10},T_{9\text{-}10},T_{7\text{-}00},T_{10\text{-}00}\}$，且$T_{1\text{-}5},T_{2\text{-}6},T_{3\text{-}7},T_{4\text{-}9}$对应地图综合中的化简算子，$T_{5\text{-}8},T_{6\text{-}8},T_{8\text{-}10},T_{9\text{-}10}$对应地图综合中的合并算子，$T_{7\text{-}00},T_{10\text{-}00}$对应地图综合中的删除算子。

可以认为，演化链图是以生命周期模型中的表达为节点、以表达间的派生关系为边构成的一类图的总称。演化链图的引入是为了实现对生命周期模型的结构化数据组织，其本质是对生命周期模型的逻辑描述。要分析演化链图的特征，需搞清楚生命周期模型中有哪些表达，有哪些变换函数，以及这些表达和变换函数之间如何关联。以下将结合生命周期模型的特征逐一分析演化链图中的节点和边的特性。

1. 节点

演化链图中的节点表示现象在某尺度下的表达（基态表达或非基态表达）。在生命周期模型的框架下，现象的表达可能是完整的几何形态，也可能是在某一层次下剖分的细节序列（如LOD尺度变换模型中剖分的目标级或几何特征级细节）。显式存储的表达可能是基态，也可能是细节累积尺度变换模型的细节系列；非显式存储表达为临时表达（临时表达只在需要的时候通过尺度变换实时派生）。演化链图中的节点可区分为如下三种类型：

1）实节点

用于表示基态表达的节点称为实节点。该类节点所对应的基态是实体在某一尺度下的完整表达，且在数据库中显式存在，故称为实节点。从数据组织的角度，该类节点的意义在于数据库访问效率高，问题在于过多的显式存储会增加数据量（以空间换时间）。因此，从数据量节省的角度，演化链图中的实节点数目越少越好。

2）累积节点

用于表示细节累积尺度变换模型中剖分的特征单元的节点称为累积节点。该类节点所对应的是表达的构件元素，如凸壳、弯曲等，依据作用的不同，可以分为正向或者负向累积节点。累积节点显式存储于数据库中，其意义在于通过存储相邻表达之间的变化来代替完整的表达，节省了空间，时间效率也较高，但前期的基于尺度的细节剖分是一个复杂的过程，该过程可以离线方式完成。

3）虚节点

用于表示临时表达的节点称为虚节点。该类节点所对应的表达通过在线方式实时派生，派生的结果只在屏幕上临时显示，而不显式存储于数据库中。由于在数据库中没有对应表达的记录，故该类节点称为虚节点。该类节点的意义在于，其对应的表达是实时派生的，不占数据库的存储空间，但要求高效尺度变换算法支持。因此，从数据量节省的角度，演化链图中的虚节点数目越多越好。

在实际应用中，多个目标之间可能存在集合或聚合关系，为了表示这种关系，定义一种复合节点，复合节点由多个简单节点（实节点、虚节点或累积节点）构成。

按照节点的存储类型，上述四种节点可以分为两大类：导出型节点和存储型节点。导出型节点对应于虚节点，存储型节点对应于实节点和累积节点，复合节点可以同时包含虚节点和实节点，故它既可以是存储型节点也可以是导出型节点。节点的类型可间接地反映操作的类型，实节点和累积节点往往对应于离线操作，而虚节点往往对应于在线操作。

在本研究中，为方便识别节点类型，为实节点、累积节点、虚节点和复合节点定义不同的表示方法，如图 5-8 所示。其中，实节点以填充的黑色圆圈表示，累积节点以半填充的黑色圆圈表示，虚节点以虚线边框、斜线填充的圆圈表示，复合节点以椭圆表示，椭圆内包含两个或多个简单节点。这种表示方法一目了然，便于区分。

图 5-8　演化链图中四种节点的表示方法

2. 链边

在本研究中，总结了四类不同类型的尺度变换模式，按照演化链图的定义，链图中的边表示相邻表达之间的派生关系，这种派生关系正是基于尺度变换来实现的。与节点类似，通过总结生命周期模型中尺度变换的性质来提炼出演化链图中的边的特性。

首先，尺度变换都作用于一定的尺度区间，该区间可表示为[FromScale, ToScale]或[FromScale,ToScale）或（FromScale,ToScale]或（FromScale,ToScale）（对应于生命周期的 4 种开闭形式）。按照尺度区间的大小，尺度变换可分为基于尺度点的变换和基于尺度区间的变换，严格地讲，这里的尺度点指的是尺度空间中一个具体的 point，而尺度区间指的是尺度空间中一段范围 range。事实上，一般给定一个足够小的 ε，如果 $\|\text{ToScale}-\text{FromScale}\|\leqslant\varepsilon$ 则为基于尺度点的尺度变换，如果 $\|\text{ToScale}-\text{FromScale}\|\geqslant\varepsilon$ 则为基于尺度区间的尺度变换。

其次，尺度变换存在突变与缓变之分，突变表示实体表达在几何或语义上的重大变化，如几何维度的变换和新的语义特征的形成等，缓变则是在相同的几何、语义背景下的渐变。一般地，突变是发生在尺度点上的变化，缓变是发生在尺度区间上的变化，这符合哲学中量变与质变的一般规律。尺度缓变类似于量变，它存在于一个较长的区间，一定量变的积累最终导致质变，即突变。

最后，从关系的角度，按照尺度变换前后实体数目的对比，存在三种关系：1-1 型尺度变换关系、n-1 型尺度变换关系和 n-m 型尺度变换关系。

基于上面的分析，演化链图中的边也可以区分为四种类型，即地图综合型尺度变换边（简称 G 边，G 取 generalization 意）、细节累积型尺度变换边（简称 L 边，L 取 LOD 意）、形状渐变型尺度变换边（简称 M 边，M 取 morphing 意）、等价变换型尺度变换边（简称 E 边，E 取 equal 意）。

1）地图综合型尺度变换边

该类边所关联的两个节点的表达之间存在地图综合型派生关系，即小比例尺相关节点所关联的表达是由大比例尺相关节点所关联的表达通过地图综合方法派生出来的。该类边是有向边，其方向从大比例尺相关的节点指向小比例尺相关的节点。G 边所关联的两个节点可以都是实节点或者都是虚节点或者一个实节点一个虚节点，但是不能关联于累积节点。G 边所关联的派生节点只与其父亲节点相关。

2）细节累积型尺度变换边

该类边同时关联 $n(n\geqslant 3)$ 个节点，其中一个为累积的基础节点（可以为实节点或虚节点），一个为累积的结果节点（可以为实节点或虚节点），其他 $n-2$ 个为累积过程的添加节点（为累积节点）。L 边是双向的，既可以从大比例尺变换到小比例尺，也可以从小比例尺变换到大比例尺，只需改变累积节点的正、负向作用即可。

3）形状渐变型尺度变换边

该类边所关联的两个节点的表达之间存在形状渐变型派生关系。M 边所派生出的表达可以是从大比例尺到小比例尺，也可以是从小比例尺到大比例尺，也是双向的。M 边所关联的两个节点可以都是实节点或者都是虚节点或者一个实节点一个虚节点。

4）等价变换型尺度变换边

该类边所关联的两个节点都是实节点，都显式存储于数据库中。两个节点相关的表达之间一般存在复杂的地图综合派生关系，该类派生关系只能通过离线方法、人机交互的形式完成。在尺度变换的框架下，E 边研究的意义不大。

为了能一目了然区分链图中边的类型，本研究结合尺度变换和链图中边的特性，为四种不同类型的边设计了各自独特的图形表示方法，如图 5-9 所示。其中，G 边以带箭头的线段表示，沿箭头的方向比例尺逐渐缩小；L 边同时关联三种不同作用的节点（基础节点、派生节点和累积节点），故以 T 形结构表达，每一个端点对应一种节点；M 边以平行线段表示，其意味着每个派生表达同时关联着两个基础表达；E 边以简单的线段表示。进一步考虑尺度变换的突变与缓变的区别，则可以以实线表示缓变（连续变化），以虚线表示突变（不连续变化）。

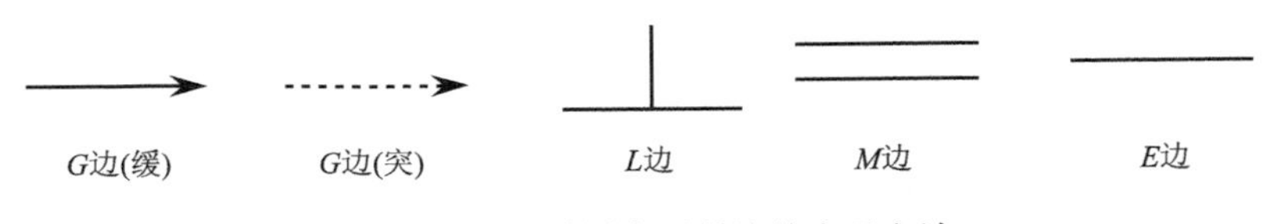

图 5-9　演化链图中四种边的表示方法

值得一提的是，L 边的设计针对常规图的链边做了一点改进。常规图的链边只能表达两个节点之间的关系，但 LOD 变换过程中，每一变换过程都同时关联三类节点，即作为累积基础的初始表达、作为变化的累积表达以及作为累积结果的派生表达，因此 L 边被设计为“T”形结构，以同时关联三种不同作用的节点。

结合节点和链边的一般特性，多种尺度变换关系可以被表示。如果由节点指向节点则表示一个 1∶1 型尺度变化过程；如果由椭圆指向节点则表示一个合并过程，即 n∶1 关系；如果由椭圆指向椭圆则表示一个 n∶m 关系，如典型化（typification）操作（图 5-10）。

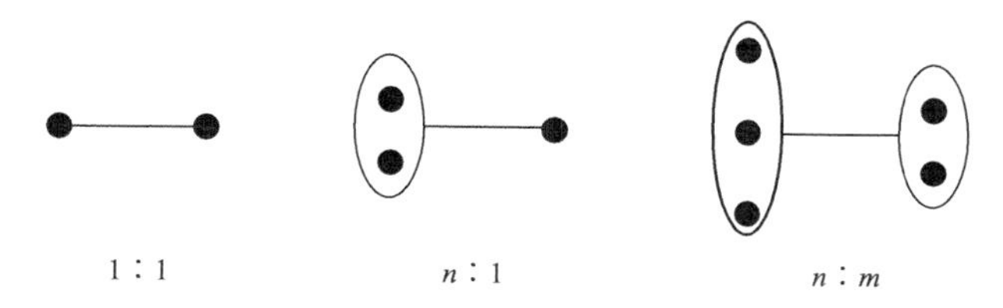

图 5-10　三种尺度变换关系的链图表示

5.3　生命周期模型的演化链图表示

如图 5-6、图 5-7 所示，生命周期模型的基本组成元素（表达、尺度变换、尺度事件等）在演化链图中都有直接或者间接的体现。在这诸多要素中“尺度变换”是驱动生命周期模型变化的引擎，是生命周期模型的核心部件，可以认为不同的尺度变换将导致不同的生命周期演进模式。每一类尺度变换都有自己独特的作用基态和变换操作形式，地图综合尺度变换可作用于各种基态类型，以在线或离线方式完成；LOD 尺度变换只能作用于有限的基态类型，其操作形式包括离线预处理和在线组合表达；morphing 尺度变换一般作用于简单的基态，以在线方式完成；等价尺度变换一般作用于复杂的基态，各基态以离线方式预处理完成。下面将以尺度变换为主线来说明如何使用演化链图表达生命周期模型演进模式。

5.3.1　地图综合型演化链图

为简单起见，选择几个最为常用的综合算子来说明综合尺度变换的演化链图表示，这几个算子包括选取、简化和合并。这里以居民地要素在尺度空间中表达生命周期的演进为例，来说明这几个算子在尺度变换中的作用，以及其生命周期模型的演化链图表示。还是以图 5-4 为例，结合节点和链边的不同形态，其演化链图可表达为图 5-11 所示的形式。需要说明的是，在综合型演化链图中，虚节点具有界限性和代表性。界限性是就尺度变换而言的，它界定了尺度变换所作用的尺度区间的终点；代表性是就表达而言的，它不仅指的是终点处的一个表达，而且代表整个子尺度区间内的一系列临时表达。

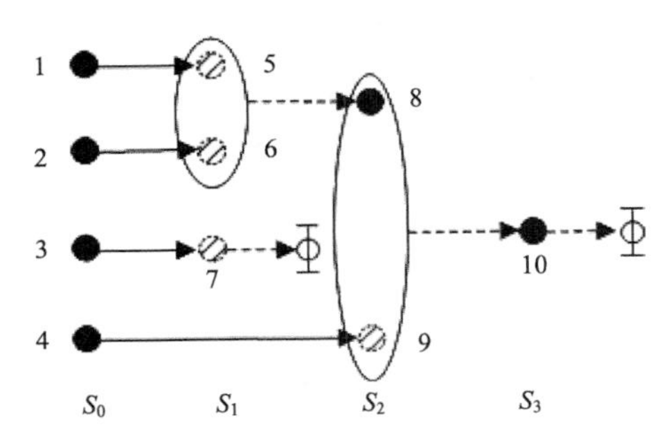

图 5-11　地图综合尺度变换过程演化链图表示

图 5-11 中存在 6 个实节点，关联 6 个基态性表达，其中 1、2、3、4 对应初始表达，8 和 10 对应合并操作的结果；存在 4 个虚节点，关联 4 个临时表达，即 5、6、7、9，考虑到虚节点的代表性，实际上这 4 个表达代表其各自所界定区间内的一系列表达；存在 4 条缓变边，$e_{1\text{-}5}$、$e_{2\text{-}6}$、$e_{3\text{-}7}$和$e_{4\text{-}9}$，对应化简操作；存在 4 条突变边，其中 $e_{5\text{-}8}$和$e_{8\text{-}10}$ 对应合并操作，其他两条对应删除操作。派生型实节点往往与突变边关联，表示复杂的尺度变换过程，需离线方式完成，其结果需显式存储。

从节点和链边的组合情况来看，地图综合型演化链图的节点具有实节点和虚节点两种类型，链边是带箭头的实线（表示缓变）或者虚线（表示突变）的有向连接，基于节点的组合情况（椭圆）可以表示 n∶1 和 n∶m 型关系，整个链图表现为一个有向图结构。

5.3.2　细节累积型演化链图

如 4.2 节所述，细节累积可发生在不同的层次：目标级和几何特征级。这里针对 4.2 节所提出的 3 个细节累积模型各举一例，以说明其演化链图的建立过程和基本含义。

对于目标级 LOD 尺度变换模型，其剖分的细节单元是单个实体目标，其作用的对象是复合型目标。这里仍沿用河流网的例子，其尺度变换过程如图 5-12 所示，其对应的演化链图如图 5-13 所示。

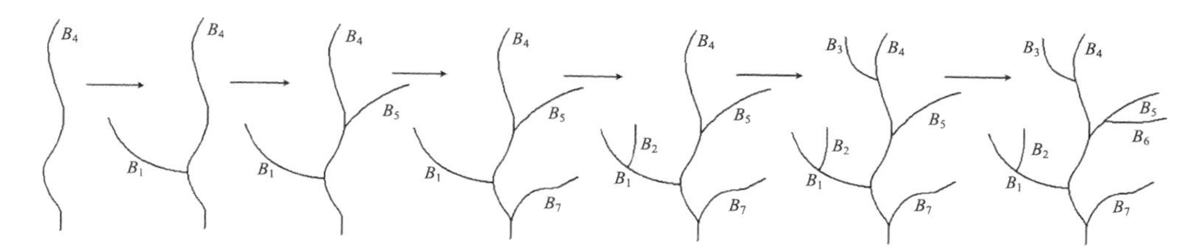

图 5-12　河网要素基于细节累积模型的尺度变换过程示例

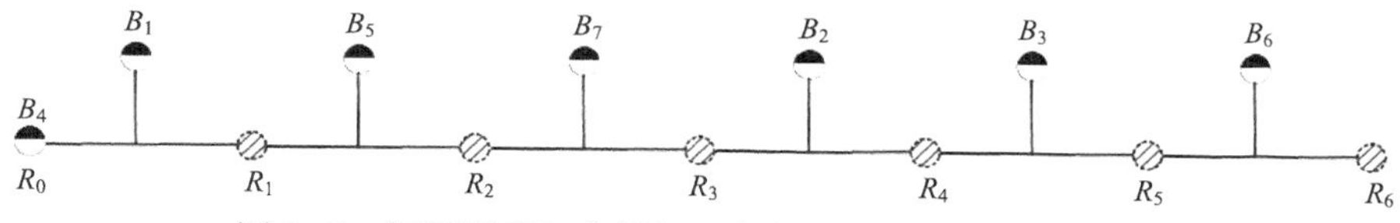

图 5-13　河网要素细节累积尺度变换过程的演化链图表示

在图 5-13 的演化链图中，同时存在累积节点和虚节点。累积节点对应 LOD 模型中剖分的细节单元，虚节点对应累积后的临时表达。通过不同层次细节序列的有序组合，可以提取河网要素在不同尺度下的表达。其表达结果以派生型、虚节点形式记录，表明任意尺度下的表达都可以通过在线方式实时派生。与综合型演化链图不同，LOD 型演化链图中的虚节点不具有代表性，它指的是某一尺度点（事实上往往是一个小的尺度区间）上一个具体的表达。其链边同时关联三种不同功能的节点（基础节点、结果节点和累积节点），如 $R_2 = R_1 + B_5$。

图 5-14 表示一个几何特征级的 LOD 尺度变换过程，其对应的演化链图如图 5-15 所示。与图 5-13 所不同的是，在图 5-15 的演化链图中存在负向作用的累积节点，B_1、B_2 即负向剖分单元。如果变换粒度很大，多个细节单元可以同时出现、消失，表现为在 LOD 尺度变换模型中加括号，在演化链图中表现为多个累积节点“打包”出现，以椭圆来打包多个细节。图 5-16 即针对加括号形式的 LOD 演化链图。

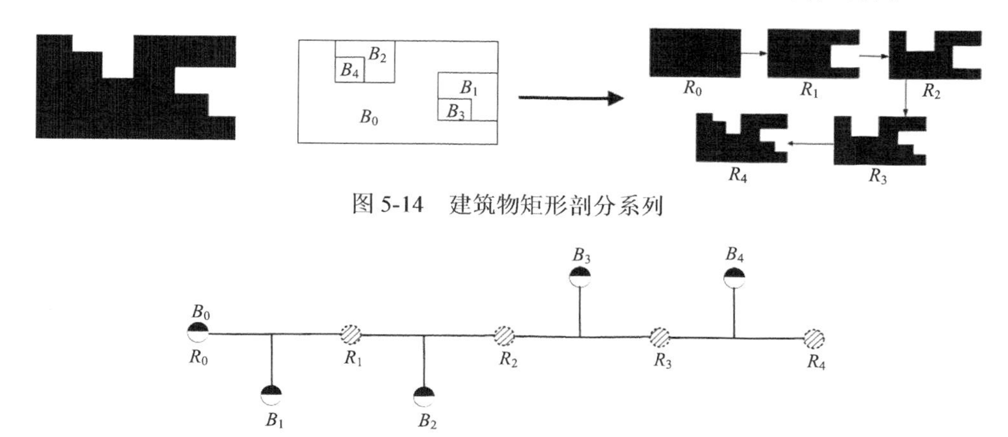

图 5-14　建筑物矩形剖分系列

图 5-15　建筑物基于矩形面积的 LOD 尺度变换过程及其演化链图表示

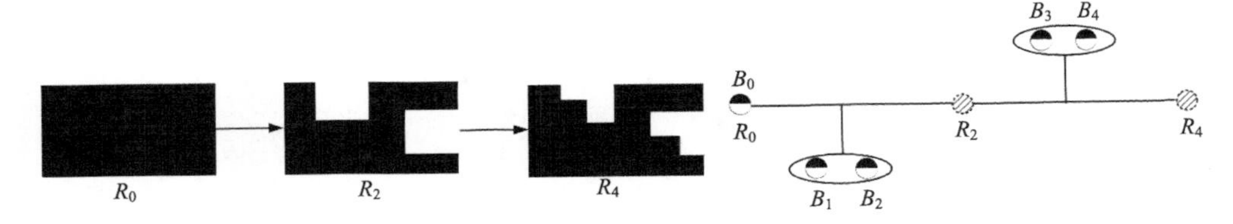

图 5-16　建筑物基于矩形层次的 LOD 尺度变换过程及其演化链图表示

从节点和链边的组合情况来看，细节累积型演化链图的节点具有实节点、累积节点和虚节点三种类型，每一链边同时关联 $n(n \geqslant 3)$ 个节点，多个累积节点可以组合（椭圆）出现（相当于加括号），整个链图表现为羽毛状的结构。

5.3.3　形状渐变型演化链图

morphing 尺度变换的特征在于，任意派生表达同时关联两个基础表达。由于是连续渐变，可派生出无限多个表达，故基于 morphing 的派生节点都是虚节点，都不显式存储。这里以一单线表示的河流要素为例来说明 morphing 变换的演化链图形式。

图 5-17 中的 R_0 和 R_1 是某河流要素在一大一小两个比例尺下的表达快照。R_0 是大比例尺下的表达，河流弯曲较多，形态复杂；R_1 是小比例尺下的简化表达，小弯曲被舍去，表达很光滑。中间序列表达是通过 morphing 变换内插出来的，内插序列从左到右逐渐接近 R_1 的表达，反之，逐渐接近 R_0 的表达。其 morphing 演化链图如图 5-18 所示，图中的“…”表示中间状态节点可以是无限多个（只要内插算法敏感度足够强），双线边“═══”表示任意中间节点同时关联两个父亲节点。

图 5-17　线状要素 morphing 尺度变换过程示例

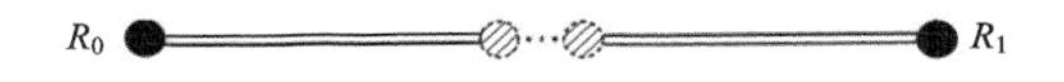

图 5-18　morphing 尺度变换过程的演化链图表示

从节点和链边的组合情况来看，形状渐变型演化链图的节点具有实节点和虚节点两种类型，链边是双线表示的连接，虚节点之间往往加“…”表示无限多个内插中间状态。

5.3.4　等价变换演化链图

等价变换一般作用于复杂形态的简单或者复合型目标，其变化过程涉及复杂的综合算法，不宜使用在线方式完成，往往以离线、预处理方式派生多重表达，并显式存储。这一特征反映在演化链图上表现为图中所有节点皆为实节点，节点之间耦合松散，无箭头连接、无平行线连接，也无“⊥”形连接。其演化链图具有图 5-19 的普遍模式。

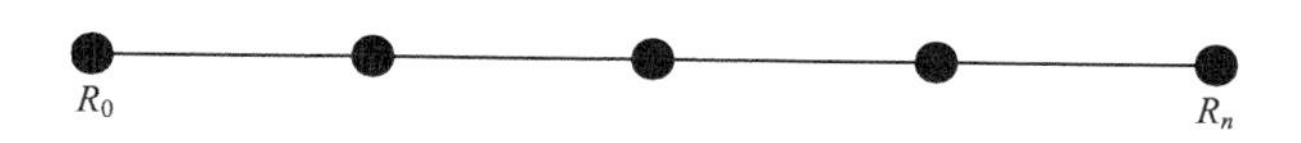

图 5-19　等价变换过程的演化链图模式

从节点和链边的组合情况来看，等价型演化链图的节点只有实节点一种类型，链边是简单无向的实线连接，整个链图表现为一条直线形结构。

5.3.5　复合型演化链图

5.3 节前面部分基于 4 种尺度变换，介绍了 4 种较为单纯的演化链图，实际应用中，同一实体在其生命周期内可能同时经历多种尺度变换。为了能真实地反映实体表达的演进过程，本小节提出复合型演化链图，以涵盖多种尺度变换。

为便于理解，以一个实际的例子来说明复合型演化链图的特征和用途。在目标级 LOD 演化链图中举了一个河网的例子，在实际的数据表达中，河流不可能一开始就以单线形式出现。在大比例尺下，河网的各个组成分支皆以面状特征出现，一起真实地刻画河流的边界和轮廓；随比例尺缩小，各分支河流的轮廓形状逐渐简化，面状表达变得平滑，对于较窄的河流，如果其宽度不足以以双线来表达，则收缩为单线的形式，然后继续在单线的基础上执行形状简化，并伴随局部较短河流消失，直至最后整个河网消失。

图 5-20 是某河网要素在尺度空间的系列表达快照，对于该尺度变换过程，可以建立图 5-21 所示的链图模式，该链图是基于超图结构的。河网是一个复合目标，整个河网由多条河道组成，每条河道都有自己的尺度变换模式，所有河道的尺度变换共同描述河网的尺度变换模式。超图可以将这些子模式统一到同一框架之下，形成对河网及各个分支的层次性描述。这种基于超图而建立的演化链图即复合型演化链

图，它能描述复合目标从整体到局部的多层次尺度变换过程。

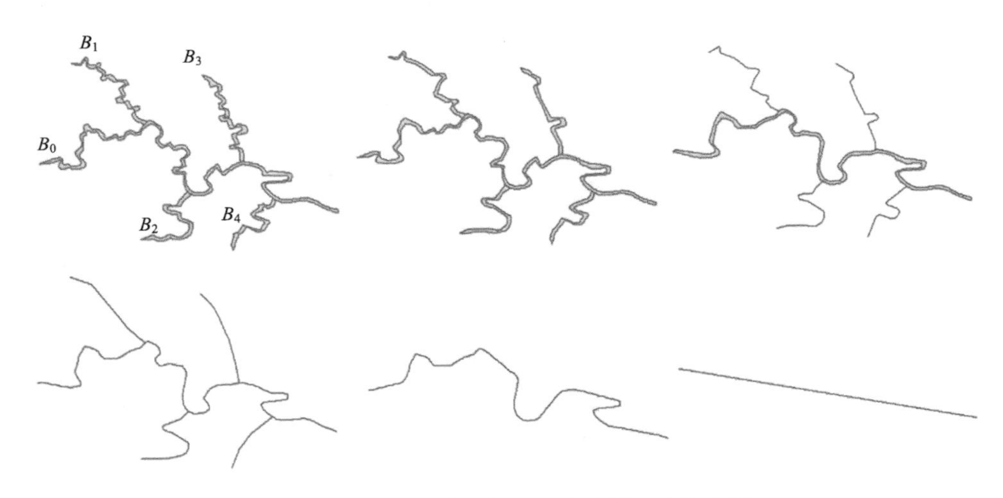

图 5-20　河网复合目标在尺度空间的表达快照

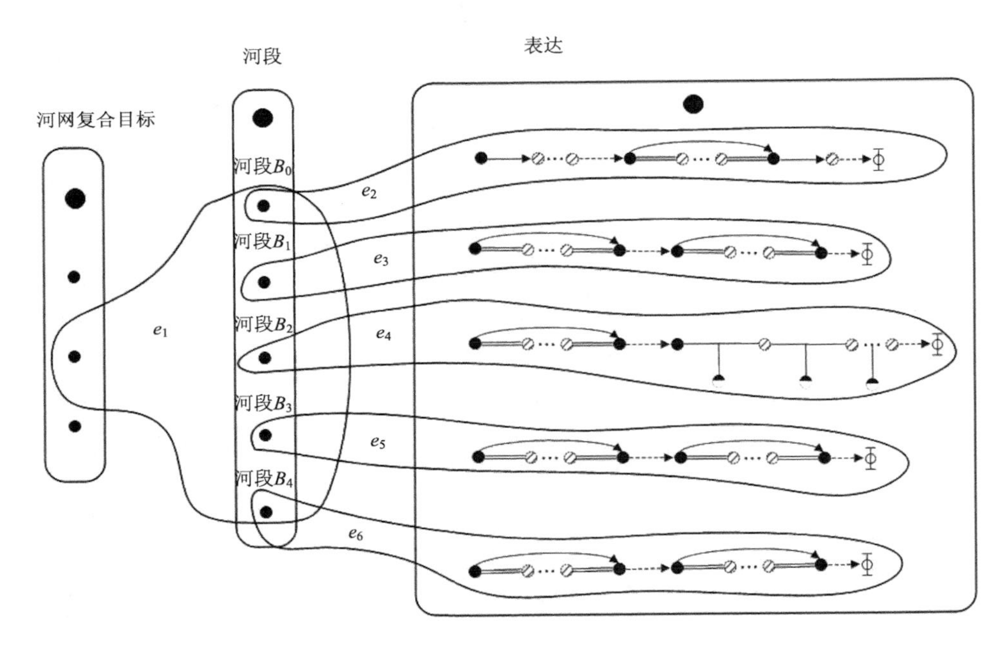

图 5-21　河网复合目标尺度变换过程的超图表示

在复合型演化链图中，超链边可以关联多个节点，每条超链边表达了复合目标的一个组成元素的演进模式。在超链边所表示的子模式内，各个节点之间由单纯型链边串接。子模式的有机组合即构成了复合目标的复合链图。

在图 5-21 的复合型演化链图中，存在 6 条超链边。其中，e_1表示河网与河道的复合关系；e_2、e_3、e_4、e_5、e_6表示各条河道的尺度演进模式。e_2表示B_0的演进过程，表现为：先经历多边形轮廓化简，后执行收缩操作，然后在单线表达的基础上进一步执行较大幅度的综合化简操作，该操作尺度跨度较大，为了能提取中间尺度上的表达序列，两单线表达之间添加了一序列的 morphing 虚节点；e_3表示B_1的演进过程，表现为：首先执行较大幅度的多边形形状化简，该操作的比例尺跨度较大，为了能平滑过渡，中间添加了一序列针对面特征的 morphing 虚节点，继而面特征开始收缩为线特征，然后在单线的基础上应用不同的矢高执行 DP 化简；e_4表示B_2的演进过程，表现为：在执行收缩操作之前，其尺度变换序列类似于B_0，变为单线后，它所经历的是几何特征级的 LOD 变换，如 4.2 节所述的基于节点 BLG 树的渐变；e_5、e_6表示B_3、B_4的演进过程，其尺度变换序列与B_1相同。

5.4　基于演化链图的结构化数据组织

5.4.1　演化链图数据结构描述

演化链图的根本目的是描述生命周期模型的逻辑数据组织形式。由第 3 章的论述可知，生命周期模型的三个基本组成元素包括：表达（基态性表达和非基态性表达）、尺度变换、尺度事件。演化链图的节点直接地关联某一表达，链边则直接地关联某一尺度变换，而尺度事件是隐含于演化链图之中的。某一尺度事件可能同时关联多个节点、多条链边，如多个建筑物的合并事件。因此，对演化链图数据结构的设计不仅要考虑通用的节点和链边的结构设计，更要考虑尺度事件的设计。演化链图的数据组织模式如图 5-22 所示。

对一个演化链图的完整描述由 5 个类结构实现，分别如下。

1）Graph 类

Graph 类用于描述图的一般信息[如自身标识符（GraphID）、生命周期的起始尺度（StartScale）、终止尺度（EndScale）等]，以及图所包含的节点、链边、尺度事件信息，每个图至少包括 2 个节点、1 条链边及 1 个尺度事件。

2）Edge 类

Edge 类用于描述链边（尺度变换）的一般信息，包括自身标识符（EdgeID）、所从属的图（GraphID）、所关联的尺度变换函数（FunctionID）、函数名（FunctionName）及操作类型（OperatorType）[在线（online）和离线（offline）]。

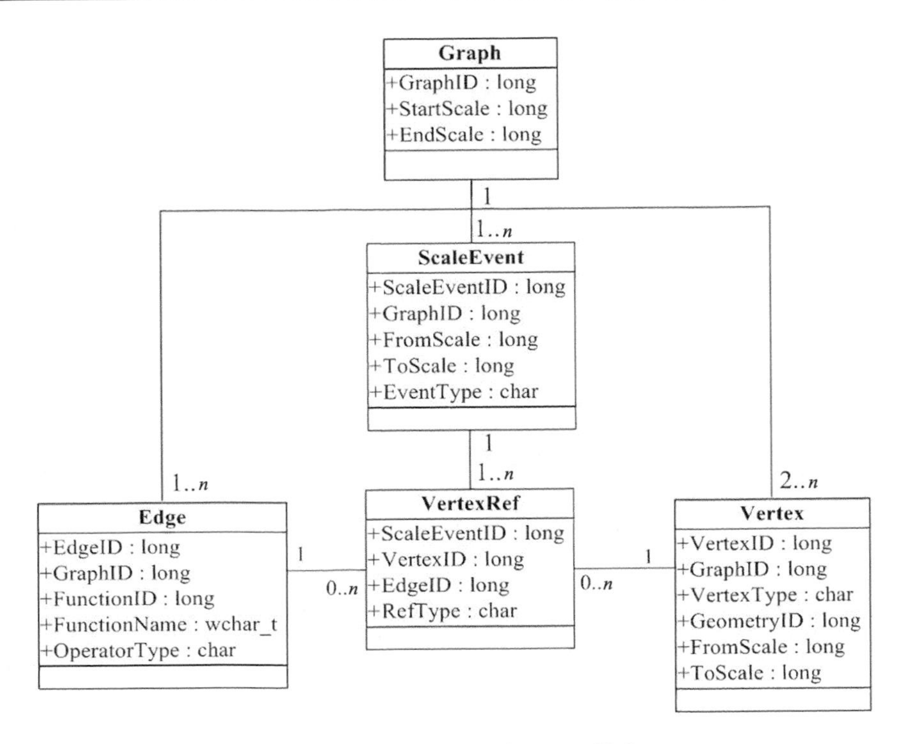

图 5-22　演化链图的数据组织模式

3）Vertex 类

Vertex 类用于描述节点（表达）的一般信息，包括自身标识符（VertexID）、所从属的图（GraphID）、节点类型（VertexType）（实节点、虚节点、正向累积节点和负向累积节点分别用字母‘S’、‘V’、‘P’和‘N’表示）、所关联的几何体（GeometryID）及表达的子生命周期。

4）ScaleEvent 类

ScaleEvent 类用于描述尺度事件信息，包括自身标识符（ScaleEventID）、所从属的图（GraphID）、尺度事件类型（针对不同的尺度变换模式，存在地图综合类事件 G、细节累积类事件 L、形状内插类事件 M 和等价变换类事件 E），以及尺度事件所作用的尺度区间 FromScale 和 ToScale，每个 ScaleEvent 类关联一个或多个 VertexRef 类，VertexRef 类真正实现节点与链边的关联。

5）VertexRef 类

VertexRef 类用于描述节点和链边之间的耦合关系（尺度变换关系），包括所从属的尺度事件（ScaleEventID）、所关联的节点（VertexID）、所关联的链边（EdgeID）以及节点的参照类型（RefType）（如果是作为源节点，则 RefType 为‘S’；如果是作为派生节点，则 RefType 为‘T’；如果是作为累积节点，则 RefType 为‘A’）。

关于尺度变换函数，可以设计一个函数库，库中的每一个函数都有一个唯一的标识符，上述 Edge 类中的 FunctionID 即指向函数库中的某一个函数。关于几何形态，为了提高图的查询速度，将其单独存储，每个几何体给一个唯一的标识符，Vertex 类中的 GeometryID 即指向某一几何表达。EdgeRef 类的作用在于将尺度变换关系中的 $m:n$ 关系转换为两个 $1:m$ 关系，后面将有详细的论述。

5.4.2　生命周期数据的组织

基于对基态、尺度变换和尺度事件的综合分析，模型的数据组织遵循以下基本原则。

原则 1：基于综合变换产生一个新的基态关键性表达，此类变换一般作用于一个尺度点，只派生一个表达，在演化链图中其派生的唯一表达表现为实节点，在数据库中显式存储其几何形态。

原则 2：基于综合变换派生一系列的非关键性表达，此类变换一般作用于一个尺度区间，在演化链图中，只取其作用于尺度区间右端点处的表达作为虚节点记录，区间内的其他表达通过尺度变换实时派生，虚节点在数据库中只存储尺度变换函数，不显式存储其几何形态。

原则 3：基于细节累积变换派生一个新的非关键性表达，此类变换涉及两个基本步骤：一是前期数据剖分，将复杂的形态剖分为一系列结构简单的几何细节单元，剖分过程复杂，其结果在演化链图中表现为累积节点，在数据库中显式存储几何形态；二是后期的细节累加派生新的非关键性表达，操作简单，所派生的表达在演化链图中表现为虚节点，在数据库中不显式存储其几何形态，只记录累积函数。

原则 4：基于形态内插的 morphing 变换产生一系列新的非关键性表达，因为作用于一个尺度区间，派生系列表达，在演化链图中派生的表达表现为虚节点，在数据库中不显式记录其几何形态，只记录相应的 morphing 函数。

原则 5：基于等价变换产生一个新的表达，此类变换存在的意义在于记录手工作业的结果，故所对应的表达为基态关键性表达，在演化链图中表现为实节点，在数据库中显式记录其几何形态。

图在计算机中的存储方法有代数法、矩阵法等。但由于关系理论更为成熟和易于操作，通用的商业关系数据库管理系统（relation database management systems，RDBMS）已经发展得相当完善，并且图 5-22 所设计的关系模式可以直接转换为关系表来存储，如用 RDBMS 的关系表来表达与存储演化链图。图 5-22 的 5 个类对应了 5 个关系表，其中 GraphTab、EdgeTab、VertexTab 和 ScaleEventTab 的结构较为简单，这里不逐一展开说明。接下来着重介绍 VertexRefTab 如何表达尺度变换中的

1∶1、n∶1 和 m∶n 三种基本关系。

1. 1∶1 型尺度变换关系

以曲线化简为例，其演化链图表达模式如图 5-23，基于该链图的 VertexRefTab 数据组织形式如表 5-1 所示。

图 5-23　1∶1 型尺度变换关系的链图示例

表 5-1　1∶1 型尺度变换关系的结构化存储

ScaleEventID	VertexID	EdgeID	RefType
1	1	1	S
1	2	1	T

2. n∶1 型尺度变换关系

以建筑物合并简为例，其演化链图表达模式如图 5-24，基于该链图的 VertexRefTab 数据组织形式如表 5-2 所示。

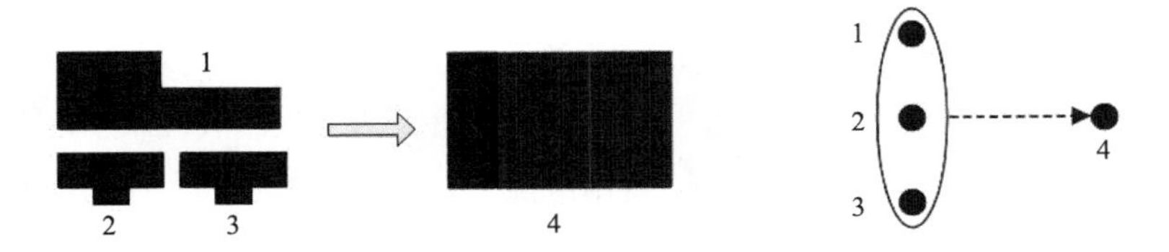

图 5-24　n∶1 型尺度变换关系的链图示例

表 5-2　n∶1 型尺度变换关系的结构化存储

ScaleEventID	VertexID	EdgeID	RefType
1	1	1	S
1	2	1	S
1	3	1	S
1	4	1	T

3. m : n 型尺度变换关系

以建筑物典型化为例，其演化链图表达模式如图 5-25，基于该链图的 VertexRefTab 数据组织形式如表 5-3 所示。

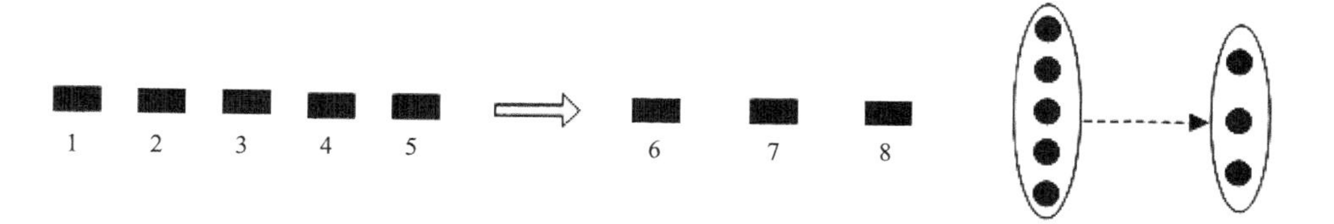

图 5-25　m : n 型尺度变换关系的链图示例

表 5-3　m : n 型尺度变换关系的结构化存储

ScaleEventID	VertexID	EdgeID	RefType
1	1	1	S
1	2	1	S
1	3	1	S
1	4	1	S
1	5	1	S
1	6	1	T
1	7	1	T
1	8	1	T

5.5　基于演化链图查询与分析

5.5.1　提取图中所有的节点

假设图的 ID 为 1，则提取过程如下：

Select　　VertexID，RefType

From　　VertexTab

Where　　GraphID = 1。

5.5.2　提取图中所有的链边

假设图的 ID 为 1，则提取过程如下：

Select　　EdgeID

```
From        Edgetab
Where       GraphID = 1。
```

5.5.3　提取图中所有的尺度事件

假设图的 ID 为 1，则提取过程如下：

```
Select      ScaleEventID
From        ScaleEventTab
Where       GraphID = 1。
```

5.5.4　提取某尺度事件关联的源节点

假设尺度事件的 ID 为 1，则提取过程如下：

```
Select      VertexID
From        VertexRefTab
Where       ScaleEventID = 1
AND
            RefType = 'S'。
```

5.5.5　提取某尺度事件关联的派生节点

假设尺度事件的 ID 为 1，则提取过程如下：

```
Select      VertexID
From        VertexRefTab
Where       ScaleEventID = 1
AND
            RefType = 'T'。
```

5.5.6　提取某尺度事件关联的所有节点

假设尺度事件的 ID 为 1，则提取过程如下：

```
Select      VertexID， RefType
From        VertexRefTab
Where       ScaleEventID = 1。
```

5.5.7　提取某尺度事件关联的尺度变换

假设尺度事件的 ID 为 1，则提取过程如下：

```
Select      EdgeID
From        VertexRefTab
Where       ScaleEventID = 1。
```

5.5.8　提取某源节点相应的尺度事件

假设源节点的 ID 为 1，则提取过程如下：

```
Select      ScaleEventID
From        VertexRefTab
Where       VertexID = 1
AND
RefType = 'S'。
```

5.5.9　提取某派生节点相应的尺度事件

假设派生节点的 ID 为 1，则提取过程如下：

```
Select      ScaleEventID
From        VertexRefTab
Where       VertexID = 1
AND
RefType = 'T'。
```

5.5.10　提取某源节点相应的派生节点

假设源节点的 ID 为 1，则提取过程如下：

```
Select      VertexID
From        VertexRefTab
Where       ScaleEventID =
            (Select     ScaleEventID
            From        VertexRefTab
            Where       VertexID = 1
            AND
                        RefType = 'S')
AND
            RefType = 'T'。
```

5.5.11　提取某派生节点相应的源节点

假设派生节点的 ID 为 1，则提取过程如下：

```
Select      VertexID
From        VertexRefTab
Where       ScaleEventID =
              (Select     ScaleEventID
               From       VertexRefTab
               Where      VertexID = 1
               AND
                          RefType = 'T')
AND
              RefType = 'S'。
```

5.5.12　提取实体在某尺度 S 下的表达

基于生命周期模型和演化链图可知，实体的表达有的显式存储（如基态），有的不显式存储（如非基态）。对于显式存储型的，定位到相关的尺度区间提取相应的表达即可；对于非显式存储的，则还需要回溯到其源头的实节点，然后逐个派生对应的虚节点表达。基本过程如下。

（1）定位 S 相关的尺度事件 e_i，查出相应的事件类型（G、L、M、E）

```
Select      ScaleEventID，  EventType
From        ScaleEventTab
Where       FromScale <= S
AND
            ToScale >= S。
```

假设查得的尺度事件 ID 为 1。

（2）找出 ScaleEventID = 1 关联的所有节点，查询过程如 5.5.6 节所述。假设查得的源节点为 v_{s1}，派生节点为 v_{E1}，累积节点为 v_{A1}。

（3）判断源节点的类型，如果 v_{s1} 为实节点，跳至步骤（5），否则，进入步骤（4）。

（4）该步骤是在 v_{s1} 为虚节点的情况下对 v_{s1} 的实例化（虚节点的表达形态在数据库不显式存储，需实时派生），定义一个堆栈 S_e 记录尺度事件序列，实例化包括如下两个子过程：①将 e_i 推入 S_e，将 v_{s1} 作为派生节点，找出其对应的源节点 v_i 及

关联的尺度事件 e_i，算法过程分别见 5.5.11 节及 5.5.9 节，如果 v_i 为实节点，从 v_i 中提取初始表达，记 v_i 关联的初始表达为 $R_0 = v_i.\text{Geometry}$（先通过查询 VertexTab 表获取 ID，然后实例化），进入步骤（2）；否则继续步骤（1），直至 v_i 为实节点为止。②如果 S_e 为空，实例化 v_{s1} 中的几何表达为 $v_{s1}.\text{Geometry} = R_0$，进入步骤（5）；否则，从 S_e 中弹出一个尺度事件 $e_j = S_e.\text{top}$，找出尺度事件 e_j 关联的尺度变换操作，记为 operator（先通过查询 EdgeTab 表获取 ID，然后实例化），对 R_0 实施尺度变换：$R_0 = \text{operator}(R_0)$。

（5）基于基础节点 v_{s1} 和基础尺度事件 e_i 派生尺度 S 下的表达：$R_s = e_i.\text{operator}(v_{s1}.\text{geometry}, S)$。

为便于理解，下面将举例说明如何从演化链图中提取实体目标在任意尺度下的表达。图 5-26 是一个假设的例子，其中曲线要素在尺度空间中的一系列尺度变换过程为：化简（simplify）→ 光滑（smooth）→ 化简（simplify）→ 光滑（smooth）。现在要提取曲线在尺度 S 下的表达，通过算法第 1 步发现 e_4 满足条件 $e_4.\text{FromScale} \leqslant S < e_4.\text{ToScale}$，故可以得出 S 表达的基础尺度事件和基础节点分别为 e_4 和 v_3。由于 v_3 是虚节点，接下来的关键是如何实例化 v_3，基于算法第 4 步的反向查找过程可以得出一系列的尺度事件：e_3, e_2, e_1，直至 e_1 为止。基于步骤（2）将逐步弹出堆栈 S_e 中的边序列 e_1, e_2, e_3，其过程如图 5-27 所示，直至 v_3 被实例化为止。基于图 5-27，可以得出 v_3 所关联的几何体的表达式如下：

$$v_3.\text{Geometry} = e_3.\text{operator}\{e_2.\text{operator}[e_1.\text{operator}(v_0.\text{geometry}, S_0S_1), S_1S_2], S_2S_3\} \tag{5-3}$$

进而派生出尺度 S 上的表达 R_s，其表达式如下：

$$\begin{aligned} R_s &= e_4.\text{operator}(v_3.\text{geometry}, S) \\ &= e_4.\text{operator}(e_3.\text{operator}\{e_2.\text{operator}[e_1.\text{operator}(v_0.\text{geometry}, S_0S_1), S_1S_2], S_2S_3\}, S) \\ &= \text{smooth}(\text{simplify}(\text{smooth}(\text{simplify}(v_0.\text{geometry}, S_0S_1), S_1S_2), S_2S_3), S) \end{aligned} \tag{5-4}$$

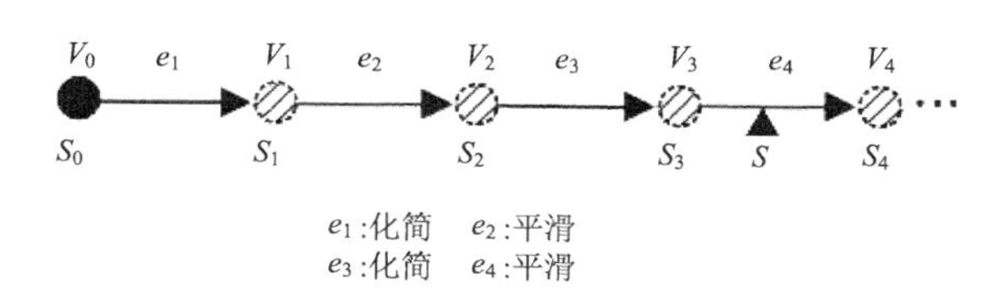

图 5-26　某演化链图示意图

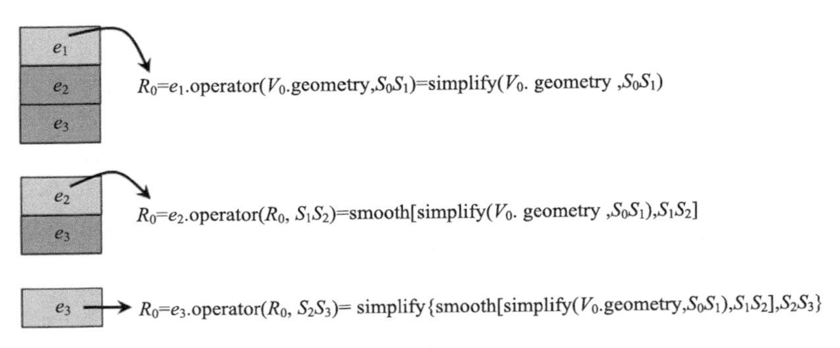

图 5-27　基于演化链图的表达提取过程

5.5.13　导出实体的尺度空间的表达系列

基于演化链图的存储结构，要导出一个实体在尺度空间中的系列表达，按如下步骤进行：

（1）提取实体的初始表达，方法是遍历图中所有节点，按照 5.5.9 节的方法找各自的源节点，如果没有源节点，则为初始节点。

（2）提取由初始表达而派生的所有后续表达，此时需要将初始节点作为源节点，按照 5.5.8 节的方法找出后续节点，如果后续节点为虚节点，还要按照 5.5.10 节的方法实时导出。

上述遍历过程相当于普通多尺度数据库中的纵向连接关系。基于该演化链图不仅可以进行多尺度分析，还可以实现更新传播。由于链边记录了尺度变换函数，因此当更新发生在初始表达状态时，可以自动传播到其他状态。

5.6　本 章 小 结

针对大尺度空间内 GIS 数据连续动态的表达变化过程，本章提出了基于图结构的多尺度数据组织方式，以图的节点表示 GIS 数据的表达状态，以图的链边表示 GIS 数据的尺度变换关系；基于表达的特征总结了四种节点类型：实节点、虚节点、累积节点和复合节点；基于尺度变换的特征总结了四种链边类型：综合链边、LOD 链边、morphing 链边和等价变换链边。不同类型节点和链边的组合可以表达不同的尺度变换模式，一系列节点和链边的有序组合直观地反映了空间数据在其整个表达尺度空间的表达变化过程，从而实现了对大跨度尺度范围内空间数据多重表达过程的有效描述。

第 6 章　地图数据生命周期模型实验

本书的前几章涵盖了尺度空间地图数据多重表达生命周期模型的理论基础，强调了概念层次和逻辑层次的重要性，同时提供了数据操作和组织的关键见解。这些章节从理论的角度深入探讨了地图数据的多重表达模型，为读者提供了一个坚实的理论基础，以便更好地理解和应用地图数据的多样性及构建多重表达模型。在这一背景下，本章引入了一个实际的原型系统，旨在展示尺度空间地图数据多重表达生命周期模型的应用。这个原型系统的设计和实现代表了前几章理论知识的实际应用，同时也验证了模型的可行性和实用性。

原型系统的设计侧重于以下几个方面：一是生命周期模型的构建，原型系统的关键目标是验证尺度空间中地图数据多重表达生命周期模型。二是尺度变换算法的实验，原型系统不仅仅是生命周期模型的演示，还包括尺度变换算法的实验，涵盖地图综合、morphing、LOD、坐标转换等尺度变换模式，用户可以通过系统验证这些算法的可行性和性能。原型系统的实现基于 Qt 集成开发环境和 C++编程语言，这些工具和技术提供了强大的功能和灵活性，以实现复杂的地图数据处理和尺度变换算法。通过原型系统的实验，验证了生命周期模型在实际应用中的潜力和实用性。

6.1　实验环境及原型系统

6.1.1　Qt 集成开发环境

Qt 集成开发环境（integrated development environment，IDE）通常指的是 Qt Creator，这是 Qt 官方提供的集成开发环境，用于开发基于 Qt 框架的应用程序。Qt 是一个跨平台的 C++应用程序开发框架，它提供了一组工具和库，用于构建图形用户界面（GUI）、多媒体、网络通信和其他各种应用程序功能。Qt Creator 是专门设计用来简化 Qt 应用程序开发过程的工具，可提供诸如代码编辑、调试器、可视化 UI 设计器和项目管理工具等功能，它允许开发者编写一次代码，然后在多个操作系统和平台上运行应用程序，包括 Windows、macOS、Linux 等。

Qt Creator 的主要特点和功能如下。

代码编辑器：Qt Creator 代码编辑器提供了丰富的功能，包括语法高亮显示、代码折叠、自动完成和错误检查。语法高亮显示可以帮助开发者更容易地辨识不同的代码元素。代码折叠功能可以帮助简化复杂代码的可视化，提高代码的可读性。自动完成功能能够自动补全代码片段，节省时间和减少输入错误。同时，内置的错误检查器可帮助开发者在编写代码时及时发现和纠正语法及逻辑错误。

可视化 UI 设计器：Qt Creator 的可视化 UI 设计器使创建和编辑用户界面变得轻而易举。开发者可以通过拖放控件来构建 GUI，而不必手动编写 UI 代码。这使得设计和排列用户界面元素变得非常直观，并可以节省大量时间。此外，可视化设计器还支持主题和风格编辑，以确保用户界面的一致性和美观。

集成的调试器：Qt Creator 集成了强大的调试器，允许开发者在应用程序开发的各个阶段轻松地查找和修复代码中的错误。开发者可以在代码中设置断点，逐步执行代码，监视变量和对象状态，并查看堆栈跟踪，以快速定位和解决问题。

项目管理：Qt Creator 提供了强大的项目管理工具，开发者可以使用它们来创建、打开和管理项目。这包括配置构建选项、设置版本控制、管理项目文件结构以及处理项目依赖关系。这一整套功能有助于保持项目的结构性和可维护性。

自动构建工具：Qt Creator 支持 Qt 的构建工具，如 QMake 和 CMake，使得构建和部署应用程序变得更加简单。通过简单的界面配置，开发者可以指定构建选项、目标平台和其他构建参数，然后使用内置的构建系统来编译和构建应用程序。这极大地简化了构建过程，减少了配置错误的可能性。

版本控制集成：Qt Creator 允许开发者将项目与各种版本控制系统（如 Git、Subversion 等）集成。这使得团队协作变得更加容易，开发者可以协同工作、协调更改和保持版本控制的一致性，而不必离开开发环境。

多平台支持：Qt Creator 是跨平台的，可以在不同操作系统上运行，因此开发者可以在自己喜欢的操作系统上使用它。同时，它支持为多个目标平台开发 Qt 应用程序，包括 Windows、macOS 和 Linux 等，因此可以轻松实现跨平台的应用程序开发。这为开发者提供了灵活性，可以选择最适合他们工作流程的平台。

6.1.2　C++编程语言

C++是一种通用的、面向对象的编程语言，它是 C 语言的扩展和改进版本。C++由 Bjarne Stroustrup 于 20 世纪 80 年代初开发，旨在为 C 语言添加面向对象编程（OOP）的功能，并提供更强大的抽象和通用编程能力。

C++编程语言的主要功能和特点如下。

面向对象编程：C++的面向对象编程能力是其突出特点之一。面向对象编程允许开发者将数据和相关的操作封装在对象中，这种封装提高了代码的模块化和可维护性。对象是现实世界实体的抽象表示，使得问题域的建模更自然和直观。通过继承、多态和封装等设计，C++让开发者更容易构建复杂系统，并提高了代码的可重用性和扩展性。这对于地图数据以实体为对象构建生命周期模型甚为契合。

高性能：C++是一种编译型语言，这意味着代码在运行前必须经过编译过程，将其翻译成机器代码。这使得 C++程序通常比解释型语言执行速度更快。此外，C++的直接内存访问允许程序员更精细地控制内存和计算资源，可以用于开发高性能应用程序，适于大规模地理空间数据的处理。

通用编程：C++通过模板支持泛型编程，这意味着开发者可以编写与特定数据类型无关的通用代码。模板可以根据输入参数的类型生成适当的代码实例，从而提高代码的重用性和灵活性。通用编程特性使得 C++在编写通用库、数据结构和算法时非常有用，它们可以适应各种数据类型和需求。

多范式编程：C++支持多种编程范式，包括面向对象、过程式和泛型编程。这种多范式的特性使开发者可以根据任务需求选择最合适的编程方法。例如，可以使用面向对象编程构建模块化和可维护的应用程序，同时使用过程式编程来执行特定的算法操作。

标准库：C++标准库包含许多现成的数据结构、算法和函数，用于处理各种任务，如文件操作、字符串处理、容器管理和多线程编程。使用标准库组件可以显著减少开发时间，提高代码的质量和可维护性。这些库已经经过广泛测试和优化，因此可以信赖。

跨平台支持：C++的跨平台性使开发者能够编写可移植的应用程序，而不必为每个不同的操作系统编写不同的代码。这为开发者提供了更广泛的受众，从桌面应用程序到移动应用程序和嵌入式系统，C++都是一个可行的选择。这有助于减少开发和维护的成本，同时提供广泛的操作系统支持。

强类型系统：C++的强类型系统要求在使用变量之前明确定义其类型。这有助于减少类型错误，提高代码的可靠性。类型检查可以在编译时或运行时执行，确保数据的完整性和正确性。强类型系统还有助于在代码开发和维护过程中更早地捕获潜在的问题，减少错误的可能性。

直接内存访问：C++允许开发者直接访问计算机的内存，提供更高级别的控制和灵活性。这在需要底层硬件资源控制的应用程序中非常有用，如嵌入式系统、驱动程序开发和系统编程。但是，这也需要开发者非常谨慎，以避免内存泄漏和安全漏洞。直接内存访问特性赋予了 C++在低级编程领域的强大表现能力。

6.1.3　原型系统结构

原型系统在 Windows 内核基础上呈三级圈层式结构，如图 6-1 所示。三级圈层式结构越向外，越面向工程应用，最里层的数据库平台是一个小型的通用空间数据库管理平台，是地图数据表达生命周期模型开发的核心，可作为独立的平台支持其他外层应用功能模块的开发，如专业性 GIS 空间分析、电子地图等。第二层尺度变换算子库及参数控制结合生命周期模型 4 类尺度变换模式，设计研制一批实用的通用型尺度变换算子，包括地图综合尺度变换、morphing 尺度变换、LOD 尺度变换以及等价尺度变换。第三层地图数据表达生命周期模型实验系统，通过嵌入生命周期模型和多种尺度变换算子，完成面向现有地图数据库的尺度空间地图数据多重表达生命周期模型验证及应用实验。

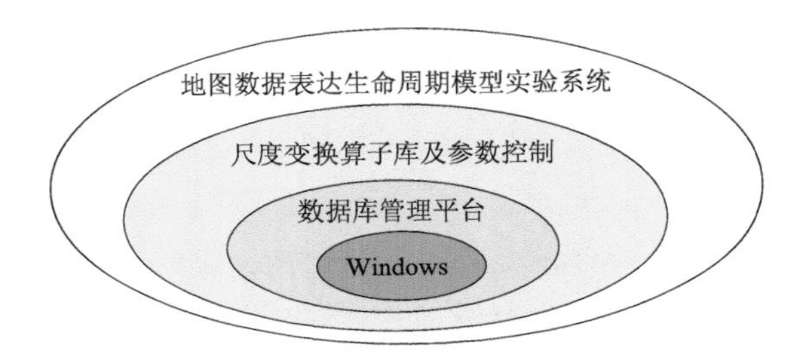

图 6-1　地图数据表达生命周期模型原型系统圈层结构

6.1.4　系统功能

基于上述圈层结构，地图数据表达生命周期模型原型系统的功能主要体现在以下四个方面。

1. 空间数据库（spatial database）

空间数据库是一种空间数据管理系统，专门设计用于存储和管理与地理、地理空间或位置相关的数据。数据库允许存储、查询和分析与地理位置、地理坐标、地图、地理区域和地理特性相关的数据。其基本功能包括：地理数据存储，可有效地存储各种地理数据，如地理坐标（经度和纬度）、地图矢量数据、地理区域的边界和属性信息等，这些数据以特殊的数据类型（如几何数据类型）来表示，以支持地理数据的存储和查询；空间查询，允许用户执行空间关系查询，如包含、相交、距离等，以便有效地检索和分析地理数据；空间索引，为了加快地理数据查询的性能，使用四叉树和网格等空间索引结构，以提高数据检索效率；地图投影和坐标转换，可将数据从一种表示形式转换为另一种表示形式，以适应特定的地理应用需求；多模式数据处理，支持多种数据类型，包括点、线、面、多边形、栅格和其他地理数据。

2. 尺度变换算法库

算法库包含地图综合尺度变换、LOD尺度变换、morphing尺度变换和等价尺度变换系列算法。其中，地图综合尺度变换，涵盖 aggregation、amalgamation、classification、collapse、displacement、enhancement、exaggeration、merge、refinement、simplification、smoothing、typification 等常规算子；LOD尺度变换，包含凸包LOD变换和最小外接矩形（MBR）LOD 变换两种类别；morphing 尺度变换，是通过逐渐变化地理数据来实现尺度变换的方法，包含空间域 morphing 变换和频率域 morphing 变换两种类别；等价尺度变换，指对输入的基态表达不做任何变换，原封不动等价输出，表现为直接从数据库中提取某一尺度点表达输出，等价尺度变换通常涉及地图投影和坐标转换，数据提取期间可实现不同地图投影和坐标系之间的转换。

3. 参数控制

生命周期模型涉及诸多控制参数，原型系统支持交互模式和配置文件模式两种参数控制方式。交互模式允许用户或管理员通过用户界面方式来修改系统的参数或配置选项，以调整系统的行为或性能。用户通过交互调整创建了用于参数控制的图形用户界面，允许用户通过按钮、滑块、文本字段等控件来更改参数；提供可视化反馈，以便用户能够立即看到参数更改的效果。配置文件模式，允许用户或管理员编辑配置文件，其中包含系统参数的键-值对，并提供合适的工具来验证配置文件的格式和正确性，在接受用户输入之前，进行参数验证和范围检查，以确保用户提供的值有效和安全，防止用户输入不良数据。基于人工智能的知识规则表达机制，系统对综合规则通过形式化处理表达为六元组，其元素包括数据处理对象的要素类别、属性标识、几何算法、控制指标、指标的适用上限、指标的适用下限。在决策推理中，建立了五因素的综合流程控制机制，包括激活数据层、要素类型、比例尺变化范围、用户操作消息、几何控制指标。在系统实现中，针对不同比例尺、不同专题、不同用途的数据综合工程任务，通过机器学习、地图综合缩编的图式规范及综合经验的总结等多种途径建立综合知识规则库，设定规则参量，完成综合工作环境的建立。

4. 生命周期模型实验系统

生命周期模型实验系统是一个基于空间数据库、尺度变换算法库和参数控制的原型系统。该原型系统结合了多个关键组件，包括地图数据存储、尺度变换、参数控制、数据组织以及应用模型。首先，生命周期模型实验系统涵盖了生命周期模型的构建，用户可以自定义实体在其表达生命周期内的关键状态和变换操作，形成实体表达生命周期链；其次，多重表达的地图数据需要以一种可管理且高效的方式组织和存储，生命周期模型实验系统实现了基于图结构的高级的数据组织和索引功能，以跟踪地图数据的变化和演化；最后，应用场景模型是生命周期模型实验系统的另一个重要组成部分，用户可以定义和实验各种应用场景，以评估不同尺度和版本的地图数据在特定情境下的性能和适用性。

总体来说，原型系统的三级圈层式结构为后期的进一步开发提供了便利，第一层数据库平台相对比较稳定，而第二层、第三层扩展性很强，为基于演化链图的多尺度数据组织和新型尺度变换算法的实验提供了开放的接口；原型系统所实现的基于综合规则知识的决策推理机制为尺度变换规则库的建立提供了有益的参考，并为生命周期模型的自动化实现提供了可能；原型系统所实现的诸多尺度变换算法，为基于不同类别地图要素生命周期模型的演进提供了技术基础。

6.2　生命周期模型实验

6.2.1　技术难点及解决方案

1. 技术难点

生命周期模型从数据组织角度研究多尺度表达，该模型将离线式地图综合结果以表达基态形式显式存储，同时将地图数据所经历的尺度变换函数序列以在线或离线式操作封装到模型中，一方面方便增量式更新和一致性维护，另一方面可实时导出新尺度表达。当尺度变换在线操作的自动化程度高时，则存储的基态少，在较宽的尺度范围可以通过函数导出新表达；反之，则要存储较多的基态，将尺度空间划分多段，分别由多个不同的尺度变换函数导出不同区间上的新表达。一个比较好的多尺度表达技术策略应当是，在线式操作完备，通过尺度变换函数高效益（响应快）地导出粒度精细的新表达，避免过多基态存储而增大数据量。极端的情形便是在线式尺度变换函数为零，所有表达都是通过基态显式存储，这便是多版本数据存储实现多尺度表达的方法。

生命周期模型的显著特征是将尺度变换操作嵌入数据表达中，使得该模型可动态地导出多种尺度下的数据表达形式。在建立该模型时需要解决以下三个问题：①地图数据可供表达的尺度范围是什么？②在整个表达尺度内可剖分为几个尺度阶段？③每个阶段的尺度变换函数、基态如何定义？在常规的地图数据基础上建立其生命周期模型，需要通过预处理对数据进行尺度分析，得到这三个问题的答案后，运用面向对象的方法集成组织为新型的数据模型。

空间数据在尺度域上发生表达形式的更替是由分辨率决定的，包括 DLM 模型的表达分辨率和 DCM 模型的视觉分辨率。就 DLM 而言，它通常具有三个方面的内涵：一是数据库可包含的最小对象尺寸，面对象的最小尺寸或线对象的最小长度，数据库中仅包含着大于或等于该门限的对象，点对象不存在最小对象尺寸；二是数据库可包含的最小对象细节，即局部分辨率细节，小于该门限细节特征将不被表示，这意味着数据库所提供的对象细节水平信息不高于该门限，空间对象细节转换是空间对象表现的退化，如面对象退化为线对象或点对象，线对象退化为点对象，面对象或线对象的边界轮廓化简；三是数据库可区分两个相邻相同类型对象的最小间隙，两个相邻的（但是几何不相连的）相同类型空间对象，如果其间的距离小于数据库可区分两个相邻相同类型对象的最小空间门限距离值，则将其合并为一个大的对象。

就 DCM 而言，空间的表达是为认知服务的，认知的水准与能力是需要考虑的因素。大尺度下的空间包含较多的地理目标、较复杂的地理现象，受空间表达能力和认知能力的限制（如地图的“载负量”、肉眼的辨析力、栅格数据结构表达的“粒度”、矢量数据结构坐标表达的定位精度等），只有重要的突出的地理目标才得以表达。而对于小尺度空间，一般性的目标都可以表达。由于纸质地图一般具有相同的尺寸，故其数据分辨率对应地图比例尺。一般地说，0.5mm 是一个线对象可被依宽表示的最小宽度，对于 1∶20000 比例尺的纸质地图，可被表示的最小距离约为 10m，对于 1∶250000 比例尺的纸质地图，其分辨率是 125m。

除了空间分辨率外，属性分辨率通常也是需要考虑的因素。属性分辨率是空间对象在数据库中的属性抽象水平，包括以下四个方面：对象关联的分类层次水平；对象的属性域关联的分类层次水平；对象关联的聚合层次水平；对象包含的属性个数。这四个方面和数据库包含的对象类型个数确定了数据库的属性分辨率。空间分辨率和属性分辨率具有一定的内在联系，一般地讲，较高的属性分辨率倾向于导致较高的空间复杂度，如果应用需要较高的专题分辨率，那么数据库的空间分辨率同样要求较高。如果另一个应用需要降低属性分辨率，那么也需降低对应的空间分辨率。

因此，对于问题①和②，可通过最小分辨率的几何图形参量（有时候还要考虑属性、语义抽象程度，如植被地类图斑）与比例尺变量的关系计算出数据表达的尺度范围（生命周期），以及在何处其表达要发生变化，进一步判断变为何种几何形式。当几何形式差异大（如维数改变）则需要突变性质的离散式尺度变换，否则为缓变性质的连续式尺度变换。与分辨率相关的几何图形参量包括长度、面积、间距、定位偏移量等。

关于问题③，尺度变换函数和基态的定义前面章节已有详述。尺度变换函数是驱动生命周期模型的关键，模型的效率取决于尺度变换算法、地图综合决策研究的进展，对某种数据综合的自动化程度高将使得该模型存储的基态少，划分的尺度阶段少，更多地由尺度变换函数导出其他尺度的表达，否则要记录较多的基态，划分较多的尺度事件，更多地由离线式人工操作后显式记录不同尺度的表达版本。为了实现模型的高效性，生命周期模型突破了传统的尺度变换函数的单一模式，提出了一种基于数据组织（而非函数变换）的细节累积尺度变换模式，以及一种基于两端控制（而非一端控制）的形状内插尺度变换模式。对于基态，除了传统的 OGC 所定义的六大简单要素外，本书介绍了一种基于几何特征级（如弯曲、凸壳、MBR 等）的基态形式，这是不同于传统地图数据基于要素的建模方式的。尺度变换函数和基态的关系由尺度事件负责协调，关于这些尺度变换函数和基态，应针对不同数据和目的合理选用。

2. 解决方案

针对以上三个问题，可以认为模型建立的具体实施过程与地图综合的决策判断过程对应，只不过它不把综合结果输出来，而是将“何时何目标变为何种表达”的信息通过尺度事件记录到数据表达模型中。决策过程简单的可自动由算法完成，如河流的尺度变换及其生命周期模型建立，通过三个分辨率参量：曲线上最小弯曲大小、边界最小间距（宽度）、最小河流长度，自动判读出在什么尺度区间上发生多边形边界化简的变换、在什么尺度点上发生中轴化简变化、在什么尺度区间发生曲线化简变换、在什么尺度点消失，对于这些尺度变化行为由 ScaleEvent 类负责记录。对于需要考虑多种因素的复杂尺度变换决策过程（地图综合不是几个分辨率几何参量就可简单作决策的），即目前技术条件下难于自动判断还需要人工干预的尺度事件，则需在交互式操作环境中，将人的尺度事件决策信息记录到数据表达模型中。例如，对于建筑群而言，何时进行建筑物的合并是由多种因素决定的，需要人的判断来定义尺度事件和划分居民地生命周期的尺度阶段。

综合来看，生命周期模型的建立存在两种方案，一是自动化方案，二是交互式方案。方案的选择本质上取决于地图综合决策的难易程度，决策简单的可以由计算机自动完成，决策复杂的则需要人工干预，以交互的方式完成。但无论是自动化方式还是交互方式，其目的都是一样的，从逻辑数据组织的角度都要填充第 5 章中所设计的 5 个表结构，即 GraphTab、ScaleEventTab、VertexTab、EdgeTab 和 VertexRefTab。下面将给出 5 个表的基于 C++代码的定义。

1）GraphTab 的 C++定义

```
typedef struct tagGraph
{
    long GraphID;
    long StartScale;
    long EndSacle;
}Graph;
typedef CArray<Graph，Graph>GraphArray。
```

2）ScaleEventTab 的 C++定义

```
typedef struct tagScaleEvent
{
    long ScaleEventID;
    long GraphID;
    long FromScale;
    long ToScale;
    char EventType;//G，L，M，E 四种尺度变换类型
}ScaleEvent;
typedef CArray<ScaleEvent，ScaleEvent>ScaleEventArray。
```

3）VertexTab 的 C++定义

```
typedef struct tagVertex
{
    long VertexID;
    long GraphID;
    char VertexType;//实 S，虚 V，LOD（正）P，LOD（负）N;
    long GeometryID;
    long FromScale;
    long ToScale;
```

```
}Vertex;
typedef CArray<Vertex，Vertex>VertexArray。
```

4）EdgeTab 的 C++定义

```
typedef struct tagEdge
{
    long EdgeID;
    long GraphID;
    int  FunctionID;
    CString OperatorType;//online offline
    CString FunctionName;
}Edge;
typedef CArray<Edge，Edge>EdgeArray。
```

5）VertexRefTab 的 C++定义

```
typedef struct tagVertexRef
{
    long ScaleEventID;
    long VertexID;
    long EdgeID;
    char RefType;//源节点 S；派生节点 T；累积节点 A
}VertexRef;
typedef CArray<VertexRef，VertexRef>VertexRefArray。
```

6.2.2　基于自动方式的多尺度数据组织

自动化多尺度数据组织，其隐含的意义就是要求程序能自动地生成尺度事件、自动地解析实体表达所经历的尺度变换形式以及所具有的基础表达形态，总之一句话，能自动地填充前文的 5 个表结构。这涉及尺度变换规则的建立和尺度变换过程的识别问题。

1. 尺度变换规则库

规则是尺度变换中决策算子、算法、参量选取的控制条件，尺度变换中具体的规则形式多种多样，为适于计算机的形式化表达，这里介绍一种描述尺度变换规则的六元组通式：

（〈要素类〉,〈操作算子〉,〈属性码〉,〈指标项〉,〈下限〉,〈上限〉）

其中，〈要素类〉确定该规则所适用的要素类别；〈操作算子〉确定该规则是针对哪种综合操作（是删除、合并，还是简化）；〈属性码〉确定该规则适用某要素类下的哪一类目标，如同样是建筑物层，对高层砖结构建筑物多边形化简与土结构平房化简规则不一样；〈指标项〉确定规则针对的特征项，是以长度大小、面积大小、弯曲深度，还是以相互间距等作为化简依据；〈上限〉、〈下限〉确定指标项的取值范围，该六元组的通用意义可表达为“当〈要素类〉内的目标具有〈属性码〉，且其〈指标项〉小于〈上限〉且大于〈下限〉时，执行〈操作算子〉”。

六元组规则表达刻画了最详细的控制条件，其各描述项定义如下。

（1）〈要素类〉：Char，取值为 C/B/S/H/T/L/R/P/G/V（用户定义由 ASCII 码字符代表要素层）之一，缺省为 X；

（2）〈操作算子〉：String，字符串表示的综合操作，如 DELETE/SIMPLIFY/LINK 等，缺省为 XXXXXXX；

（3）〈属性码〉：Long，由数据库建库方案规定，缺省时为 XXXXXX；

（4）〈指标项〉：String，取值为 AREA/HEIGHT/DENSITY/GAP-DISTANCE/Length/BendDepth 等，缺省时为 XXXXXX；

（5）〈上限〉：Float，由综合后图的 mm、mm^2 单位表示，缺省时为 XXXXXX；

（6）〈下限〉：Float，同上，缺省时为 XXXXXX。

以下给出一些应用规则的示例：

（H，Skeleton，210101，Width，0.0，0.4）：对水系（H）中的面状河流做尺度变换，河流宽度小于 0.4mm 时，中轴化；

（H，Simplification，210101，BendDepth，0.0，1）：水系（H）中的线状河流做尺度变换，弯曲深度小于 1mm 时，弯曲删除；

（H，Delete，230102，Area，0.0，2.0）：水系（H）中的湖泊做尺度变换，面积小于 $2mm^2$ 时，删除；

（H，Agglomeration，230102，Distance，0.0，0.5）：水系（H）中的湖泊做尺度变换，相邻湖泊的间距小于 0.5mm 时，毗邻；

（B，Combine，XXXXXXX，Distance，0.0，1.5）：居民地中的建筑物做尺度变换，房屋间距小于 1.5mm 时，合并；

（B，Collapse，XXXXXXX，Area，0.0，3.5）：居民地中的建筑物做尺度变换，房屋面积小于 $3.5mm^2$ 时，收缩为不依或半依比例尺小板房；

（B， Typification， XXXXXXX， Destiny， 20， XXXXX）：居民地中的建筑物做尺度变换，房屋密度大于每平方厘米 20 个时，典型化；

（R， Link， 421102， Distance， 0.0， 0.8）：道路做尺度变换，当目标属性码为 421102，且间距小于 0.8mm 时，将其连接；

（T， BendDelete， 710101，ValleyDepth， 0.0， 2.0）：等高线做尺度变换，当谷地深度小于 2mm 时，弯曲删除；

（V， Combine， 810602， Area， 0.0， 7.0）：植被做尺度变换，当要素类型为草地且面积小于 7mm^2 时，合并；

（V， Classify， XXXXXXX， XXXXX， XXXXXX， XXXXXX）：植被做尺度变换时，针对所有的要素做重分类。

规则库只是罗列指标规范，各规则联合应用是 AND 还是 OR 由系统控制，并不是满足某条规则的目标就对其执行相应尺度变换操作。一个规则库对应着一定地理特征的要素类型，针对不同的地域、专题要素类型，规则不能千篇一律，如黄土地貌和高山地貌的等高线弯曲删除深度的阈值是不一样的。图 6-2 展示了一个尺度变换规则用户设置对话框的例子。

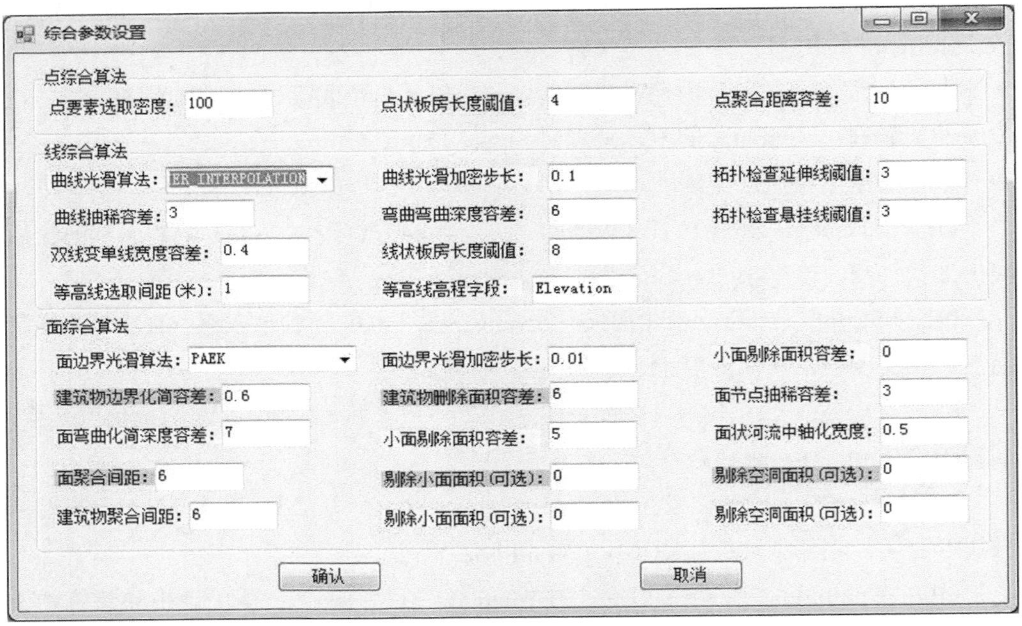

图 6-2 尺度变换规则用户设置对话框

2. 尺度变换过程库

地图数据随尺度的变换过程并非杂乱无章，而是具有一定规律可循的。总体来说，存在 4 种变化趋势：一是以原始姿态出现，如控制点、半依或者不依比例尺的房屋，它们都在很长的一个尺度区间内保持原始姿态不变。一般地，以点或者符号的形式表达的重要因素，其所占据的表达空间较小，可以以原始姿态存在一个较长的尺度区间。二是以简化的姿态出现，这种情况相当普遍，如单线河的化简、双线河的收缩、建筑物轮廓的简化等，简化表达的原因主要源于空间竞争和认知需求。三是合并到其他目标中，以一个全新的姿态出现，典型的代表就是居民地合并为街区，合并的原因可能是目标自身尺寸较小且周围的环境密度大。通过合并目标延长了其表达的生命周期。四是从表达集中彻底删除，在某一尺度下，如果目标小到不足以表达和辨析，且又不能合并到其他对象中去时，就只能删除了。

对于地图综合中的典型化等 $n:m$ 型尺度变换算子，其作用的对象是复合目标，其变换过程可以认为是目标内部结构的简化，这在一定程度上也属于简化的情况。对于重分类算子，其变换的目标的语义特征属于语义的抽象、简化。

针对不同的要素类型，其所经历的具体变换过程又是有差异的。例如，对于河流要素，往往先以双线河表示，接着对双线河的轮廓进行简化，到一定的尺度由双线变为单线，然后再对单线进行简化，直至消失；对于居民地要素，往往先以多边形表示，接着对多边形的轮廓进行简化，到一定的尺度开始与其他目标合并，然后再对合并的多边形进行简化，直至消失。可见，不同的要素类型有不同的变化模式，这种变化模式反映了地图数据在尺度空间的表达变化过程，也可以认为是地图数据的尺度变化机制。

如果地图数据的尺度变化机制可以用一个确定的程序逻辑来描述，则地图数据在任一尺度的状态，从理论上讲，可基于其初始状态以及其所处的环境状态推理得出，这就是自动化建立生命周期模型的基本思想。它是以对尺度变换过程的认知为前提的，图 6-3 列出了一些要素常见尺度变换过程。

3. 尺度变换函数库

函数是尺度变换的具体实践者。在生命周期中，除了常见的地图综合尺度变换函数，还设计了 LOD 和 morphing 两种新型的尺度变换函数。关于常规的地图综合算子，ArcGIS、QGIS 和易智瑞等商业和开源软件有很好的积累，这里不一一列举；关于两种新型的尺度变换，主要包括 BLG_LOD、GAP_LOD、HULL_LOD、MBR_LOD、NETWORK_LOD、LINE_MORPHING 和 POLY_MORPHING 7 个函数。

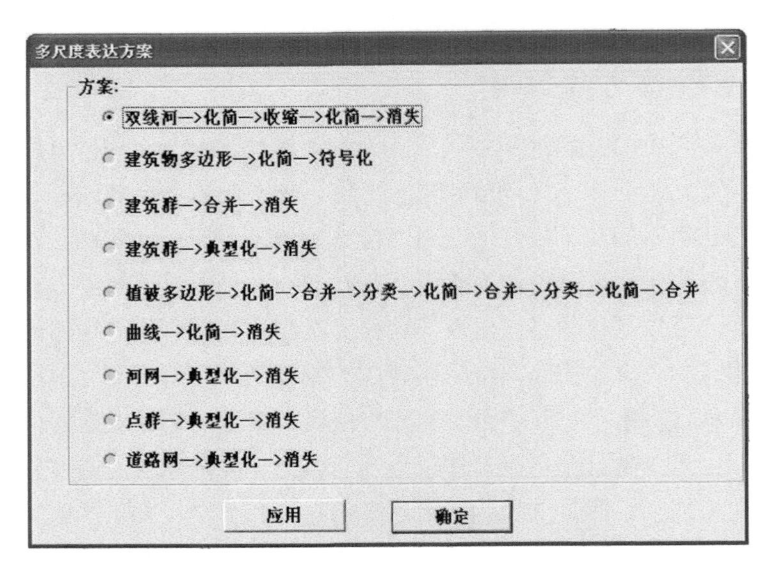

图 6-3　尺度变换过程选择对话框

4. 示例——河流生命周期模型的建立

依据前面的讨论，河流生命周期模型建立过程中所涉及的约束主要包括边界弯曲的深度、河流的宽度和长度。在本例中上述三种约束值分别设为 BendDepth=1mm，Width=0.4mm， Length=20mm。关于尺度变换过程，选择双线→化简→收缩→化简→消失的一般模式。尺度变换函数主要涉及 Simplification、Skeleton、Simplification 和 Delete 四个。组合调用过程如下。

过程 1：双线→化简；规则（H, Simplification, 210101, BendDepth, 0.0, 1.0），调用 Simplification 函数，参数为 1.0mm；

过程 2：双线→收缩；规则（H, Skeleton, 210101, Width, 0.0, 0.4），调用 Skeleton 函数，参数为 0.4mm；

过程 3：单线→化简；规则（H, Simplification, 210101, BendDepth, 0.0, 1.0），调用 Simplification 函数，参数为 1.0mm；

过程 4：单线→消失；规则（H, Delete, XXXXXX, Length, 0.0, 20.0），调用 Delete 函数，参数为 20.0mm。

图 6-4 是基于图形表达的生命周期模型自动建立过程，模型的物理实现结果表现为 5 个表结构，如图 6-5 所示。模型记录两个基态表达，在图 6-4 中以实线表示，在 VertexTab 中 VertexType 为‘S’；*n* 个非基态表达，在图 6-4 中以虚线表示，在 VertexTab 中 VertexType 为‘V’，不显式存储几何形态；自动生成尺度事件，记录了

表达和尺度变换函数的组合情况。

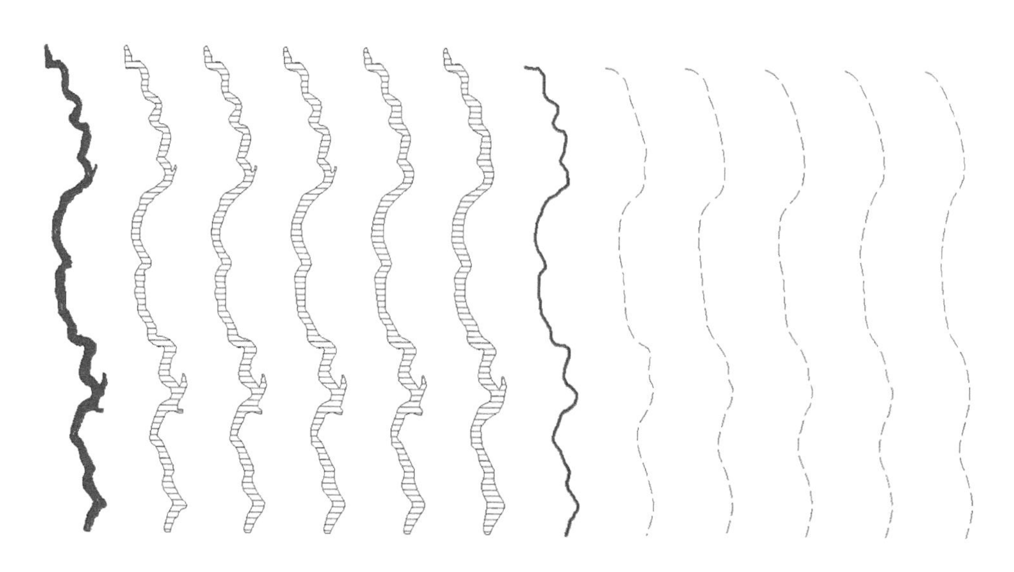

图 6-4　河流多尺度表达的自动生成

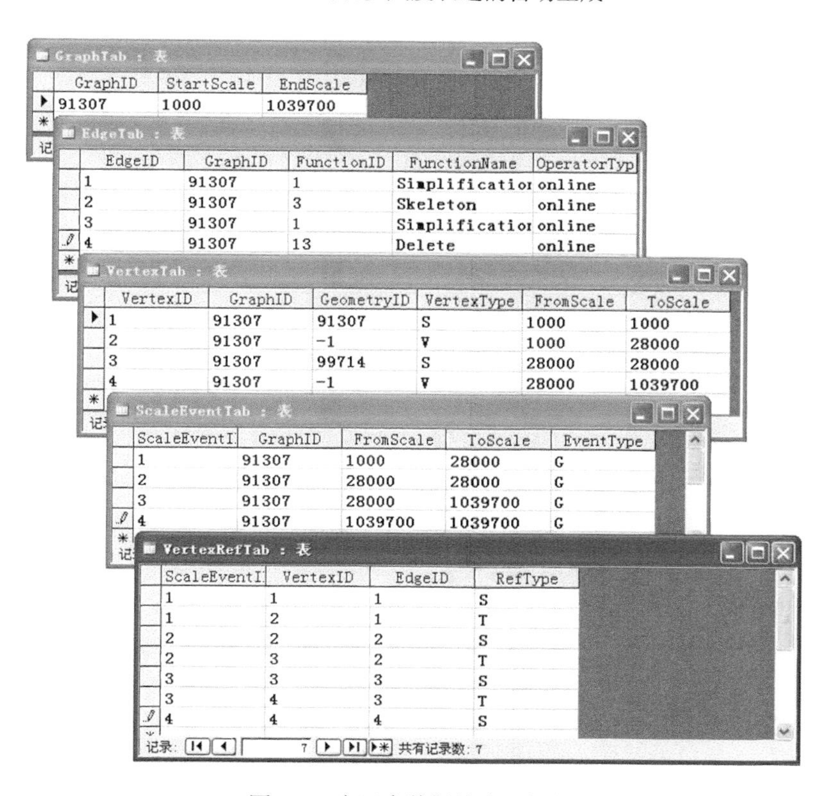

GraphTab : 表

GraphID	StartScale	EndScale
91307	1000	1039700

EdgeTab : 表

EdgeID	GraphID	FunctionID	FunctionName	OperatorTyp
1	91307	1	Simplificatio	online
2	91307	3	Skeleton	online
3	91307	1	Simplificatio	online
4	91307	13	Delete	online

VertexTab : 表

VertexID	GraphID	GeometryID	VertexType	FromScale	ToScale
1	91307	91307	S	1000	1000
2	91307	-1	V	1000	28000
3	91307	99714	S	28000	28000
4	91307	-1	V	28000	1039700

ScaleEventTab : 表

ScaleEventI	GraphID	FromScale	ToScale	EventType
1	91307	1000	28000	G
2	91307	28000	28000	G
3	91307	28000	1039700	G
4	91307	1039700	1039700	G

VertexRefTab : 表

ScaleEventI	VertexID	EdgeID	RefType
1	1	1	S
1	2	1	T
2	2	2	S
2	3	2	T
3	3	3	S
3	4	3	T
4	4	4	S

记录: 7 共有记录数: 7

图 6-5　多尺度数据的自动组织

6.2.3　基于交互方式的多尺度数据组织

如果知道地图数据的尺度变换机制，就能以自动的方式建立数据表达的生命周期模型。但是，人们对于对象间相互作用机制的认知是一个渐进过程，在对某类对象或对象间的相互作用机制未取得完全认识前，对其描述将不得不基于交互的方式，通过显式记录数据来完成。对于地图数据的尺度变换而言，其过程信息表现为“什么尺度下、针对什么目标、执行什么操作、得到什么结果”，因此交互环境下生命周期模型建立的关键在于以结构化的数据记录上述过程信息。

依据生命周期“尺度变换即为空间映射”的思想，可对地图数据尺度变换过程建立日志记录，通过将日志转换为 5 个表结构可以实现生命周期模型的建立。数据库对目标的处理表现为读取选中目标的全部信息→几何变换或属性修改（尺度变换）→新目标入库。不论实施什么样的尺度变换，对于数据库而言都是由 n 个新目标取代 m 个旧目标，如 $m>0$，$n=0$ 时，删除 m 个目标；$m=1$，$n=2$ 时，1 个目标分解为 2 个目标；　$m=2$，$n=1$ 时，2 个目标合并为 1 个；$m=3$，$n=2$ 时，3 个目标变为 2 个（如典型化）；等等。为跟踪目标的尺度变换过程，操作中设置五个栈，记录新旧目标在数据库内的处理历程。栈 1 为一个二元组表（n，m），记录每步操作时产生新目标数目（n）和原始的旧目标的数目（m）；栈 2 为一个二元组（f，t），记录尺度变换所发生的尺度区间；栈 3 记录尺度变换函数的名称；栈 4 记录原始目标的关键字系列；栈 5 记录新产生目标的关键字系列。

以图 6-6 的尺度变换过程为例，来演示交互式生命周期模型的建立。该尺度变换过程经历了 8 个尺度事件（子过程）。

子过程 1：建筑物轮廓化简，1→5，所对应的尺度为 2000→10000（比例尺分母）；

子过程 2：建筑物轮廓化简，2→6，所对应的尺度为 2000→10000；

子过程 3：建筑物轮廓化简，3→7，所对应的尺度为 2000→10000；

子过程 4：建筑物合并，（5，6）→8，所对应的尺度为 10000→50000；

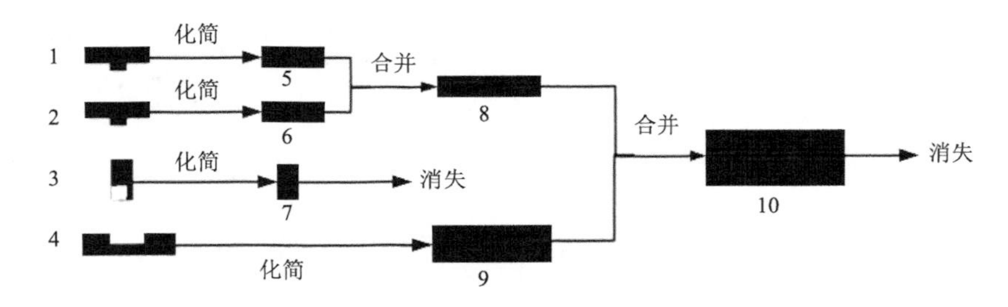

图 6-6　交互式多尺度变换过程示例

子过程 5：建筑物删除，7→NULL，所对应的尺度为 10000→50000；

子过程 6：建筑物轮廓化简，4→9，所对应的尺度为 2000→50000；

子过程 7：建筑物合并，（8，9）→10，所对应的尺度为 50000→100000；

子过程 8: 建筑物删除，10→NULL，所对应的尺度为 50000→100000。

图 6-7 是尺度变换过程的五个栈记录，显然该堆栈很容易转换为生命周期模型的五个表结构。对于 GraphTab，其 GraphID 由程序自动生成，生命周期为 [2000,200000]。对于 VertexTab，由栈 1、栈 2、栈 4 和栈 5 联合填充，栈 4 和栈 5 记录节点信息，节点类型由栈 1 确定，如果栈 1 的元素为 1∶1 型关系，则派生节点为虚节点，否则为实节点；栈 1 的第二个元素 *n* 表明栈 4 中的 *n* 条记录具有相同的生命周期，如栈 1 的第 4 条记录（1，2），结合栈 4 可知，节点 5 和 6 具有生命周期 [10000，50000]。对于 EdgeTab，其事件类型和生命周期由栈 3 和栈 1 共同确定，同样地，如果栈 1 中的元素为 1∶1 型关系，则表中的 OperatorType 为在线（online），否则为离线（offline）。对于 ScaleEventTab，其事件类型和生命周期由栈 2 和栈 3 共同确定。对于 VertexRefTab，其事件类型和生命周期由栈 1、栈 3、栈 4 和栈 5 共同确定，以栈 1 为索引，栈 4 和栈 5 分别表示源节点和派生节点，栈 3 表示连接多个节点的尺度变换。

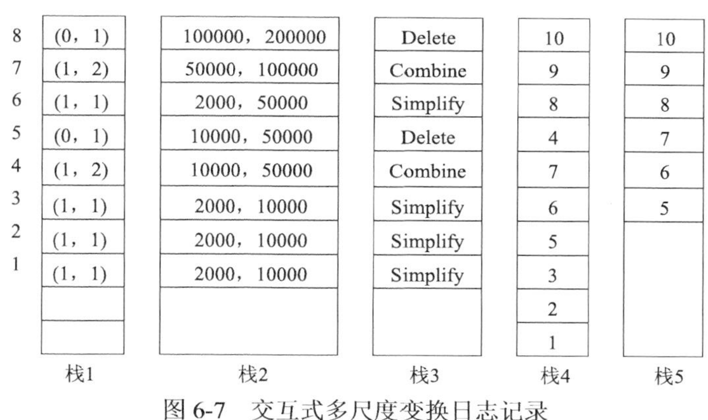

图 6-7　交互式多尺度变换日志记录

运用 5 个栈存储管理操作目标的历史进程在尺度变换知识案例分析中可发挥支撑作用，通过历史记录，分析归纳发现某种具有共同特征的目标变换成为一种新的目标（这一过程可能是手工编辑），总结出案例规则后下一次遇到同样特征目标（通过匹配分析）后系统可自动完成其尺度变换。例如，在建筑物多边形化简时，某一个规划小区存在一大批几何特征相同的房屋，手工合并一个房屋多边形，以后系统便可自行匹配化简。案例分析需要通过众多目标尺度变换前后结果的对照分析，运用栈管理记录尺度变换前后的历史过程，从而为专家知识发现提供研究平台。

6.3　算法实验结果

因地图综合算法和等价尺度变换算法较为通用且易于实现，在此不做展开实验；本节重点就生命周期模型所涉及的LOD和morphing尺度变换模式进行了算法实验，并贴出实验结果的硬拷贝。

1. 线目标基于BLG树的LOD尺度变换示例

图6-8为线目标基于BLG树的LOD尺度变换效果。

图6-8　线目标基于BLG树的LOD尺度变换

2. 河网要素基于目标级和几何细节级的LOD尺度变换示例

河网要素目标级的尺度变换表现为河段的出现或消失，几何细节级的 LOD 尺度变换表现为曲线弯曲的简化，效果如图 6-9 所示。

图 6-9　河网要素基于目标级和几何细节级的 LOD 尺度变换

3. 线目标的 morphing 尺度变换示例

图 6-10 为基于渐变思想的线状地图要素 morphing 尺度变换效果。

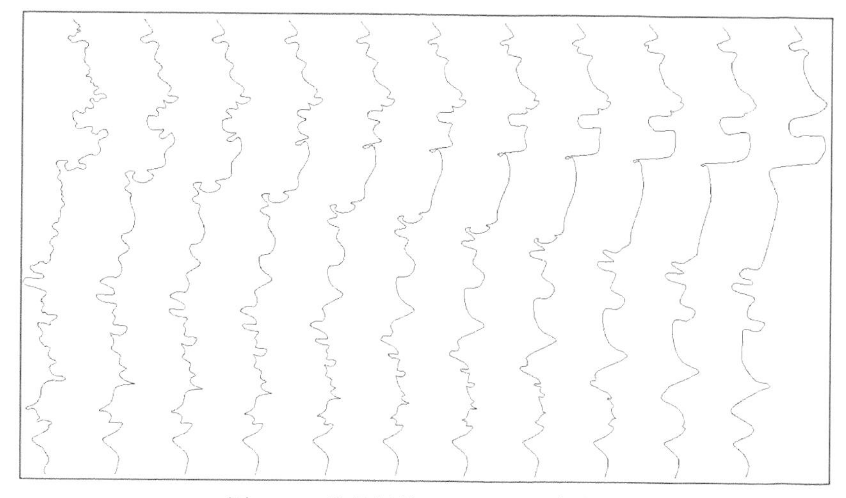

图 6-10　线目标的 morphing 尺度变换

4. 湖泊要素基于凸壳的 LOD 尺度变换示例

图 6-11 为基于细节累积思想的湖泊地图要素 LOD 尺度变换效果。将湖泊多边形剖分为一系列的凸壳，通过凸壳的叠加和删除即可实现对多边形的逐渐逼近，达到地图综合的效果。

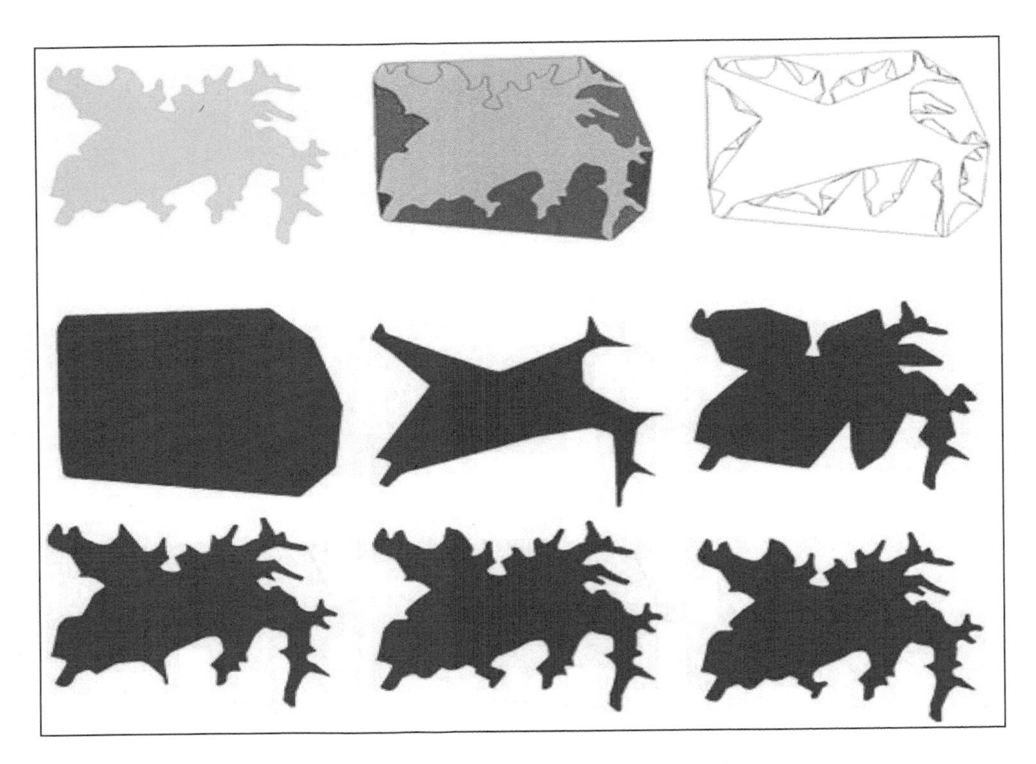

图 6-11　湖泊要素基于凸壳的 LOD 尺度变换

5. 建筑物群基于 MBR 的尺度变换示例

图 6-12 为基于细节累积思想的建筑物群地图要素 LOD 尺度变换效果。将建筑物多边形剖分为一系列的外接矩形，通过外接矩形的叠加和删除即可实现对多边形的逐渐逼近，达到地图综合的效果。

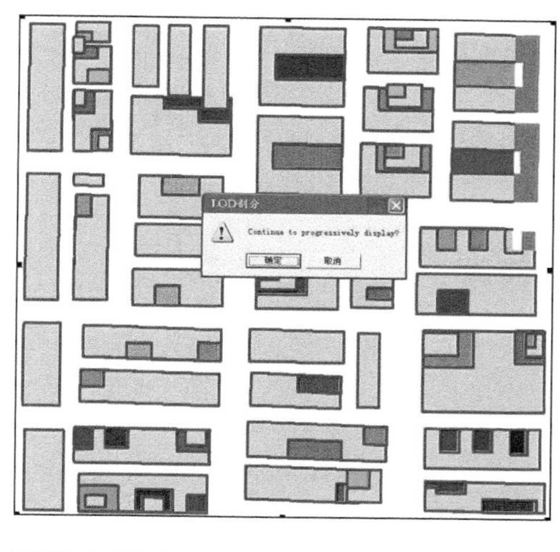
LOD剖分
Continue to progressively display?
确定
取消

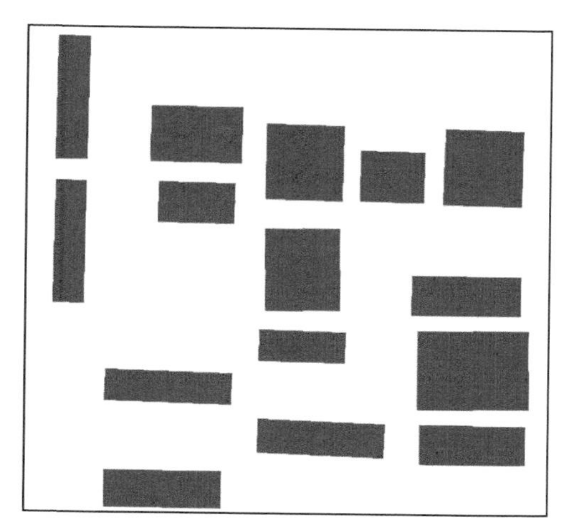

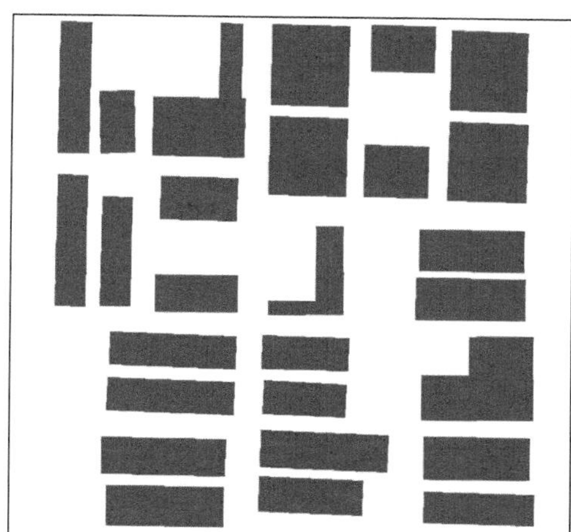

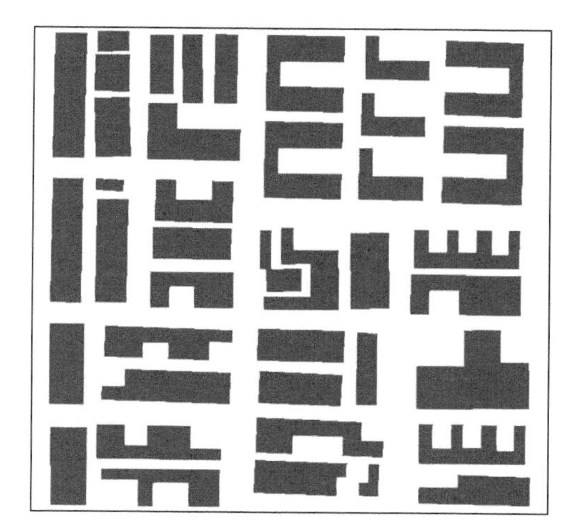

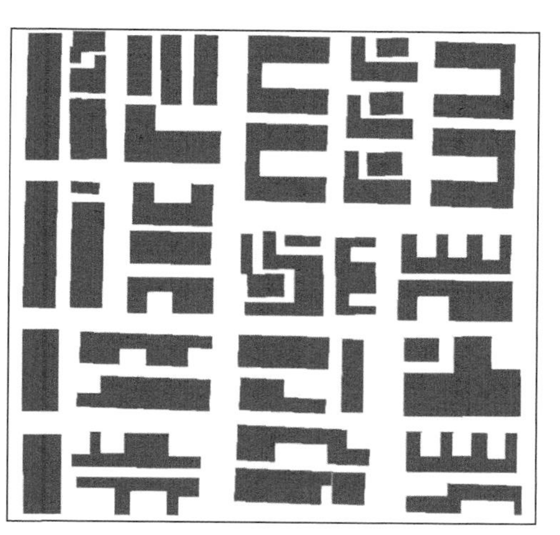

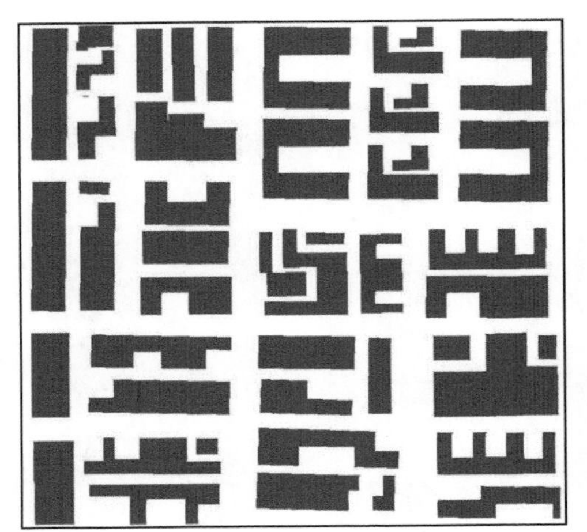
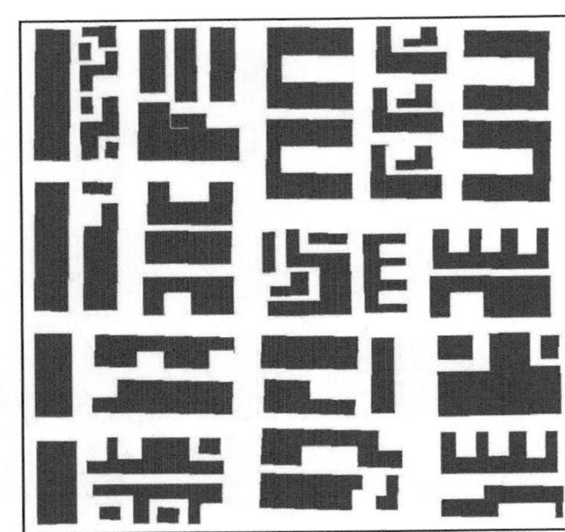

图 6-12　建筑物群基于 MBR 的尺度变换

6.4　本 章 小 结

基于 Qt 集成开发环境，采用 C++编程语言，设计开发了一个原型系统，对生命周期模型构建、尺度变换算法、演化链图等进行了实验。生命周期模型的实验以演化链图为基础，具体实现表现为对演化链图 5 个表结构的填充，考虑到综合决策的难易程度及尺度变换算法的效率问题，模型的实现存在交互式和自动化两种方式。在 4 种尺度变换模式中，地图综合算法和等价尺度变换算法较为通用且易于实现，未做展开实验；着重实验了两种新型的尺度变换模式，即 LOD 尺度变换和 morphing 尺度变换。

第 7 章　总结与展望

7.1　总　　结

空间数据多尺度表达是 GIS 领域研究的热点问题之一，它在多尺度空间分析、矢量数据渐进式传输、空间数据集成融合以及自适应动态可视化等领域都有贡献作用。目前而言，多尺度数据库的创建主要存在静态多版本和动态综合派生两种策略。前者存在大量数据冗余，数据一致性差，更新困难；后者受地图综合这一国际难题的影响，针对不同的要素类型发展极不平衡，实用性差。针对这一现状，本书介绍了一种尺度空间地图数据多重表达的生命周期模型，从数据组织的角度，运用面向对象的思想方法实现了对静态版本和动态操作的有机集成。主要工作包括：

（1）总结了国内外多尺度数据模型的研究进展。着重分析了几个代表性的研究成果：GEODYSSEY、地图立方体模型、抽象胞腔复形、层次地图空间、MADS 模型及 VUEL 模型等。这些模型大致可以分为两类：一类是基于多版本的层次模型（如地图立方体模型、层次地图空间模型等），另一类是基于地图综合的动态派生模型（如 GEODYSSEY、MADS、VUEL 等）。综合来看，这些模型要么重版本，要么重操作，但都没有提供对版本和操作的集成机制。事实上，版本和操作可以看作是空间数据的两个基本特征：一个是静态属性，一个是动态操作，在面向对象的框架下二者是可以集成的。数据模型的研究涉及三个不同的层次：概念、逻辑和物理，当前的多尺度模型往往偏重某一具体层次的研究，而没有系统地将这三个不同的层次有机地串接起来形成一个完备的体系。因此，未来多尺度数据模型的研究应该注重对版本和操作的有机集成，注重概念分析、逻辑设计和物理实现三个层次的串接。

（2）阐述了 GIS 中尺度的基本概念，并从认知和表达的角度分析了 GIS 数据的多尺度特性。尺度是空间数据的重要特征，也是地理信息科学中最模糊、最多义、最难分辨的术语。从尺度的类别、内涵和外延三个不同的角度阐述了尺度的基本概念；从认知的角度分析了空间数据的尺度效应、尺度依赖性、尺度不变性和尺度一致性，这是实施尺度变换和构建多尺度表达的理论基础；从表达的角度分析了空间数据的多尺度特性，多尺度表达既是层次化空间认知的结果，又是辅助从粗到细、从整体到局部空间认知的有力工具。在具体的实施过程中，尺度变换与多尺度表达密切相关，尺度变换是构建多重表达的有力工具，多尺度表达是尺度变换的结果。

（3）基于面向对象的思想提出了一个集空间数据表达和尺度变换操作于一体的多尺度数据模型——生命周期模型。这个模型融合了空间数据表达和尺度变换操作，旨在解决地理信息系统中常见的数据表达一致性和更新困难问题。生命周期模型的核心理念是将空间数据的静态表达和动态操作分别建模为对象的属性和方法。这意味着，空间数据可以被看作是一个对象，该对象具有属性，用于描述其静态特征；该对象也具有方法，用于实现尺度变换操作。通过属性和方法的组合运算，生命周期模型能够动态地生成不同尺度上的数据表达，实现地图数据的多重表达。一个重要的优势是，生命周期模型支持增量式更新传播。这意味着，当原始数据更新时，只需对数据的部分属性和方法进行修改，而不必重新生成整个数据集，这有助于提高更新效率，特别是当数据集非常大或需要频繁更新时。这种增量更新的方法在传统多版本数据模型中并不常见，通常需要动态更新算子和复杂的版本控制方法的支持。此外，生命周期模型还有效避免了传统多版本数据模型中常见的表达不一致问题。在传统模型中，不同版本的数据可能会因为更新操作的不同而导致不一致性，这在 GIS 应用中可能会引发问题。生命周期模型通过对象属性和方法的严密组织，确保了数据在不同尺度上的一致性和可预测性。

（4）介绍了四种地图数据尺度变换模式，包括地图综合模式、变化累积（LOD）模式、形状渐变（morphing）模式和等价尺度变换模式。生命周期模型是对静态表达和动态尺度变换操作的集成，其中尺度变换是让模型“动起来”的关键。引入计算机科学中 LOD 和 morphing 变换的基本思想，扩充传统的矢量数据尺度变换模式。LOD 模式将实体的表达剖分为一系列结构简单的几何细节单元，每个细节单元对应一定的尺度层次，实体在任意尺度上的表达表现为一系列细节的累积。这种模式改变了传统的基于函数变换的尺度变换模式，具有小数据量、大跨度、多算子集成、操作简单等特性，为 GIS 数据尺度变换提供了基于数据组织的新视角。morphing 模式以两端尺度控制代替一端尺度控制，以敏感的内插函数实现了较大尺度空间内空间数据的连续光滑变换。通过运用面向对象思想的多态性，对这些模式进行了有机的集成，提高了模型数据操作的效率，增强了模型的动态性和灵活性。

（5）提出了一种适于地图数据表达生命周期模型的演化链图结构，链图运用图结构中的节点表示生命周期模型中的静态表达，链边表示生命周期模型中的动态尺度变换，并运用面向对象思想方法中的封装性实现了对二者的有机集成，将这种基于表达和尺度变换的图结构定义为演化链图。基于表达的特征区分四种链图节点类型：实节点、虚节点、累积节点和复合节点；基于尺度变换的特征总结了四种链边类型：综合链边、LOD 链边、morphing 链边和等价变换链边。不同类型节点和链边的组合可以表达不同的尺度变换模式，一系列节点和链边的有序组合直观地反映了空间数据在其整个表达尺度空间的表达变化过程，从而实现了对大跨度尺度范围内空间数据多重表达过程的有效描述。

（6）设计实现了一个尺度空间地图数据多重表达的生命周期模型原型系统，原型系统的设计侧重于以下几个方面。一是生命周期模型的构建，原型系统的关键目标是实现尺度空间中地图数据多重表达生命周期模型。二是尺度变换算法的实验，原型系统不仅仅是生命周期模型的演示，还包括尺度变换算法的实验，涵盖地图综合、morphing、LOD、坐标转换等尺度变换模式，用户可以通过系统验证这些算法的可行性和性能。原型系统的实现基于 Qt 集成开发环境和 C++编程语言，这些工具和技术提供了强大的功能和灵活性，以实现复杂的地图数据处理和尺度变换算法。通过原型系统的实验，验证了生命周期模型在实际应用中的潜力和实用性。

7.2　展　　望

空间数据多尺度表达是一个十分复杂的问题，它涉及空间认知、数据模型、数据结构、数据更新、一致性维护等多方面的内容。其中尤以数据模型最为重要，多尺度空间数据模型是多尺度空间数据库设计的结构性基础，其合理性与否可以决定多尺度空间数据库的适用范围、适用周期以及信息量的大小。好的数据模型能够便于空间数据的合理组织和再利用，应付不断变换的、多样的应用需求，使空间数据库具有足够长的生命周期，也能够使基于这样的数据模型的 GIS 的灵活性和扩展性得到增强。本书对多尺度数据模型进行了研究，取得了一些成果，但还需要从以下方面进一步完善和发展：

（1）基于尺度状态和尺度行为的多尺度数据模型是对传统空间数据表达模型的重要发展，特别是在考虑尺度因子对数据表达的影响方面。然而，在实际应用中，空间数据的多重表达不仅受到尺度因子的影响，还受到其他因素的干扰，包括视点和专题等因素。不同的视点和专题选择通常会导致不同的数据表达，因为不同的用户或应用程序可能关注数据的不同方面。一个开放的、全面的多尺度数据模型需要综合考虑尺度、视点和专题等多种因素的影响，以满足不同用户和应用的需求。这是生命周期模型未来的重要扩展方向，可以为多尺度地理信息数据管理和应用带来更大的灵活性和适用性。

（2）尺度不仅影响空间数据的几何表达形态，同时影响其空间关系和语义结构。为简单起见，本书重点研究了空间数据在几何方面的多尺度表达及其尺度变换机制，对空间关系和语义方面的多尺度特性重视不够，这是当前多尺度表达研究的通病，也是未来研究所需要弥补的不足之处。尺度影响几何表达形态的方式是显而易见的。

当改变地图的尺度时，地物的形状、大小和位置都会随之改变。然而，尺度的影响不仅仅局限在此，它还牵涉到更为深层次的空间关系和语义结构。在不同尺度下，地物之间的空间关系可能发生变化，如地物的相对位置和邻近性。此外，尺度还与语义结构密切相关，如土地用途、土地所有权、自然资源等，在不同尺度下，这些语义属性的表述方式和解释可能会发生变化。在未来的研究中，需要综合考虑几何、空间关系和语义等多个因素，以获得全面的对多尺度数据的理解。

（3）基于图论的多尺度数据组织，对于某些要素来说可以自动实现，但是对于那些涉及复杂的、智能决策的尺度变换行为尚需交互完成。其原因之一在于这些复杂的尺度变换行为是基于对空间结构、模式的认知而做出的决策，这涉及空间数据挖掘和知识发现。对空间结构、模式的自动识别将有助于多尺度数据模型的自动建立和多尺度数据的自动组织。因此，未来对多尺度数据模型的研究应该关注空间结构、模式的自动识别，或者从数据组织上记录有益的结构和模式，进行数据增强。

参考文献

艾廷华. 2003. 基于空间映射观念的地图综合概念模式. 测绘学报, 32(1): 87-92.

艾廷华. 2004. 多尺度空间数据库建立中的关键技术与对策. 科技导报, (12): 4-8.

艾廷华, 成建国. 2005. 对空间数据多尺度表达有关问题的思考. 武汉大学学报(信息科学版), 30(5): 377-382.

艾廷华, 李精忠. 2010. 尺度空间中 GIS 数据表达的生命期模型. 武汉大学学报(信息科学版), 35(7): 757-762, 781.

艾廷华, 李志林, 刘耀林, 等. 2009. 面向流媒体传输的空间数据变化累积模型. 测绘学报, 38(6): 514-526.

艾廷华, 刘耀林, 黄亚锋. 2007. 河网汇水区域的层次化剖分与地图综合. 测绘学报, 36(2): 231-237.

艾廷华, 张翔. 2022. 地理信息科学中尺度概念的诠释与表达. 测绘学报, 51(7): 1640-1652.

陈佳丽, 易宝林, 任艳. 2007. 基于对象匹配方法的多重表达中的一致性处理. 武汉大学学报(工学版), 40(3): 115-119.

陈军. 1999. 多尺度空间数据基础设施的建设与发展. 中国测绘, (3): 18-22.

陈军, 刘万增, 武昊, 等. 2021. 智能化测绘的基本问题与发展方向. 测绘学报, 50(8): 995-1005.

程昌秀, 陆锋. 2009. 一种矢量数据的双层次多尺度表达模型与检索技术. 中国图象图形学报, 14(6): 1012-1017.

傅伯杰. 2001. 景观生态学原理及应用. 北京: 科学出版社.

高俊. 2017. 图到用时方恨少, 重绘河山待后生. 测绘学报, 46(10): 1219-1225.

郭仁忠. 1997. 空间分析. 武汉: 武汉测绘科技大学出版社.

郭仁忠, 陈业滨, 马丁, 等. 2022. 论 ICT 时代的泛地图表达. 测绘学报, 51(7): 1108-1113.

胡最, 闫浩文. 2006. 空间数据的多尺度表达研究. 兰州交通大学学报(自然科学版), 25(4): 35-38.

李精忠, 方文江. 2018. 顾及邻域结构的线状要素 Morphing 方法. 武汉大学学报(信息科学版), 43(8): 1138-1143.

李精忠, 吴晨琛, 杨泽龙, 等. 2014. 一种利用模拟退火思想的线状要素 Morphing 方法. 武汉大学学报(信息科学版), 39(12): 1446-1451.

李精忠, 张津铭. 2017. 一种基于傅里叶变换的光滑边界面状要素 Morphing 方法. 武汉大学学报(信息科学版), 42(8): 1104-1109.

李军, 周成虎. 2000. 地球空间数据集成多尺度问题基础研究. 地球科学进展, 15(1): 48-52.

李霖, 吴凡. 2005. 空间数据多尺度表达模型及其可视化. 北京: 科学出版社.

李霖, 应申. 2005. 空间尺度基础性问题研究. 武汉大学学报(信息科学版), 30(3): 199-203.

李双成, 蔡运龙. 2005. 地理尺度转换若干问题的初步探讨. 地理研究, 24(1): 11-18.

李志林. 2005. 地理空间数据处理的尺度理论. 地理信息世界, 3(2): 1-5.

李志林, 蓝天, 逵鹏, 等. 2022. 从马斯洛人生需求层次理论看地图学的进展. 测绘学报, 51(7): 1536-1543.
李志林, 刘万增, 徐柱, 等. 2021. 时空数据地图表达的基本问题与研究进展. 测绘学报, 50(8): 1033-1048.
李志林, 王继成, 谭诗腾, 等. 2018. 地理信息科学中尺度问题的30年研究现状. 武汉大学学报(信息科学版), 43(12): 2233-2242.
刘凯, 毋河海, 艾廷华, 等. 2008. 地理信息尺度的三重概念及其变换. 武汉大学学报(信息科学版), 33(11): 1178-1181.
刘妙龙, 吴原华. 2002. 基于尺度的GIS空间资料表达模型. 测绘学报, 31(增刊): 81-85.
鲁学军, 周成龙, 张洪岩, 等. 2004. 地理空间的尺度-结构分析模式探讨. 地理科学进展, 23(2): 107-114.
陆锋. 2009. 呼吁空间数据的多尺度表达与网络传输技术. 中国图象图形学报, 14(6): 997-998.
吕一河, 傅伯杰. 2001. 生态学中的尺度及尺度转换. 生态学报, 21(12): 2096-2106.
马亚明, 徐杨, 张江水. 2008. 空间索引与多尺度表达的一体化模型研究. 武汉大学学报(信息科学版), 33(12): 1237-1241.
孟斌, 王劲峰. 2005. 地理数据尺度转换方法研究进展. 地理学报, 60(2): 277-288.
彭晓鹃, 邓孺孺, 刘小平. 2004. 遥感尺度转换研究进展. 地理与地理信息科学, 20(5): 6-14.
齐清文, 张安定. 1999. 关于多比例尺GIS中数据库多重表达的几个问题的研究. 地理研究, 18(2): 161-170.
佘江峰. 2005. 多版本时空对象进化数据模型研究. 南京: 南京大学.
王迪, 钱海忠, 赵钰哲. 2022. 综述与展望: 地理空间数据的管理、多尺度变换与表达. 地球信息科学学报, 24(12): 2265-2281.
王家耀. 2017. 时空大数据时代的地图学. 测绘学报, 46(10): 1226-1237.
王涛, 毋河海. 2003. 多比例尺空间数据库的层次对象模型. 地球信息科学, (2): 46-50.
王宴民, 李德仁, 龚健雅. 2003. 一种多比例尺GIS方案及其数据模型. 武汉大学学报(信息科学版), 28(4): 458-462.
邬建国. 2000. 景观生态学——格局、过程、尺度与等级. 北京: 高等教育出版社.
毋河海. 1991. 地图数据库系统. 北京: 测绘出版社.
毋河海. 2000. 地图信息自动综合基本问题研究. 武汉测绘科技大学学报, 25(5): 377-386.
吴凡. 2002. 地理空间数据多尺度处理与表示研究. 武汉: 武汉大学.
武芳, 杜佳威, 钱海忠, 等. 2022. 地图综合智能化研究的发展与思考. 武汉大学学报(信息科学版), 47(10): 1675-1687.
晏雄锋, 艾廷华, 张翔, 等. 2018. 空间数据连续尺度表达的矢量金字塔模型. 武汉大学学报(信息科学版), 43(4): 502-508.
杨必胜, 孙丽. 2008. 导航电子地图的自适应多尺度表达. 武汉大学学报(信息科学版), (4): 363-366.
应申, 李霖, 闫浩文, 等. 2006. 地理信息科学中的尺度分析. 测绘科学, 31(5): 18-21.
张锦. 2004. 多分辨率空间数据模型理论与实现技术研究. 北京: 测绘出版社.

张强，武芳，钱海忠，等. 2011. 基于关键比例尺的空间数据多尺度表达. 测绘科学技术学报, 28(5): 383-386.

郑茂辉，冯学智，蒋莹莹，等. 2006. 基于描述逻辑本体的GIS多重表达. 测绘学报, 35(3): 261-266.

周培德. 2005. 计算几何——算法设计与分析(第二版). 北京：清华大学出版社.

Ai T, Li Z, Liu Y. 2005. Progressive transmission of vector data based on changes accumulation model//Fisher P F. Developments in Spatial Data Handling. Berlin, Heidelberg: Springer: 85-96.

Ai T, van Oosterom P. 2002. GAP-tree extensions based on skeletons//Richardson D E, van Oosterom P. Advances in Spatial Data Handling. Berlin, Heidelberg: Springer: 501-513.

Alt H, Godau M. 1995. Computing the Fréchet distance between two polygonal curves. International Journal of Computational Geometry and Applications, 5(1-2): 75-91.

Ballard D H. 1981. Strip trees: A hierachical representation for curves. Communications of the ACM, 24(5): 310-321.

Balley S, Parent C, Spaccapietra S. 2004. Modelling geographic data with multiple representations. International Journal of Geographical Information Science, 18(4): 327-352.

Bedard Y, Bernier E. 2002. Supporting Multiple Representation with Spatial Databases Views Management and the Concept of VUEL. Ottawa, Canada: Proceedings of ISPRS/ICA Joint Workshop on Multi-scale Representations of Spatial Data.

Berge C. 1973. Graphs and Hypergraphs. Amsterdam: North-Holland Pub. Co.

Brassel K E, Weibel R. 1988. A review and framework of automated map generalization. International Journal of Geographical Information Systems, 2(3): 229-244.

Brewer C A, Buttenfield B P. 2007. Framing guidelines for multi-scale map design using databases at multiple resolutions. Cartography and Geographic Information Science, 34(1): 3-15.

Cecconi A. 2003. Integration of Cartographic Generalization and Multi-Scale Databases for Enhanced Web Mapping. Zurich: The University of Zurich.

Danielle J M. 1999. The scale issue in social and natural sciences. Canadian Journal of Remote Sensing, 25(4): 347-356.

Douglas D H, Peucker T K. 1973. Algorithms for the reduction of the number of points to represent a digitized line or its character. The Canadian Cartographer, 10(2): 112-123.

Dunkars M. 2004. Multiple Representation Databases for Topological Information. Stockholm: The Royal Institute of Technology.

Egenhofer M J, Clementini E, Felice P D. 1994. Evaluating inconsistencies among multiple representations//Waugh T C, Healey R G. Advances in GIS Research, Proceedings of Spatial Data Handling (SDH '94). Edinburgh: Scotland: 106-121.

Goodchild M F, Quattrochi D A. 1997. Scale in Remote Sensing and GIS (1st ed.). New York: Routledge.

Harrie L, Hellström A K. 1999. A prototype system for propagating updates between cartographic data sets. The Cartographic Journal, 36(2): 133-140.

Joao E M. 1998. Causes and Consequences of Map Generalization. London: Taylor & Francis.

Jones C B, Kidner L Q, Luo G, et al. 1996. Database design for a multi-scale spatial information systems. International Journal of Geographical Information Systems, 10(8): 901-920.

Kilpeläinen T. 2001. Maintenance of multiple representation databases for topographic data. The Cartographic Journal, 37(2): 101-107.

Lam N, Quattrochi D A. 1992. On the issues of scale, resolution, and fractal analysis in the mapping sciences. The Professional Geographer, 44: 88-98.

Laurini R, Thomson D. 1992. Fundamentals of Spatial Information Systems. London: Academic Press.

Li Z. 2006. Algorithmic Foundation of Multi-scale Spatial Representation. Boca Raton CRC: Taylor & Francis.

Li Z, Openshaw S. 1992. Algorithms for automated line generalization based on a natural principle of objective generalization. International Journal of Geographical Information Systems, 6(5): 373-389.

Mackaness W. 1994. An algorithm for conflict identification and feature displacement in automated map generalization. Cartography and Geographic Information Systems, 21(4): 219-232.

Mackaness W, Beard K. 1993. Use of graph theory to support map generalization. Cartography and Geographic Information Systems, 20(4): 210-221.

McMaster R. 1987. Automated line generalization. Cartographic, 2(24): 74-111.

Muller J C. 1990. The removal of spatial conflicts in line generalization. Cartography and GIS. 2(17): 141-149.

Muller J C, Lagrange J P, Weibel R. 1995. GIS and Generalization: Methodology and Practice. London: Taylor & Francis.

Neun M, Burghardt D, Weibel R. 2008. Web service approaches for providing enriched data structures to generalisation operators. International Journal of Geographical Information Science, 22(1-2): 133-165.

Nöllenburg M, Merrick D, Wolff A, et al. 2008. Morphing polylines: A step towards continuous generalization. Computers, Environment and Urban Systems, 32(4): 248-260.

Openshaw S. 1983. The modifiable areal unit problem//Janelle D G, Warf B, Hansen K. WorldMinds: Geographical Perspectives on 100 Problems. Dordrecht: Springer: 571-575.

Parent A, Spaccapietra S, Zimányi E. 2005. The murmur project: Modeling and querying multi-representation spatio-temporal databases information systems. Information Systems, 31(8): 733-769.

Peng W, Muller J C. 1996. A dynamic decision tree structure supporting urban road network automated generation. The Cartographic Journal, 33(1): 5-10.

Puppo E, Dettori G. 1995. Towards a formal model for multiresolution spatial maps//Egenhofer M J, Herring J R. Advances in Spatial Databases. SSD 1995. Lecture Notes in Computer Science, vol 951. Berlin, Heidelberg: Springer: 152-169.

Sarjakoski L T. 2007. Conceptual models of generalization and multiple representation//Mackaness W A, Ruas A, Sarjakowski L T. Generalisation of Geographic Information: Cartographic Modelling and Applications. Oxford, UK: Elsevier: 11-35.

Sester M. 2005. Optimization approaches for generalization and data abstraction. International Journal of Geographical Information Science, 19(8-9): 871-897.

Sester M, Anders K H, Walter V. 1998. Linking objects of different spatial data sets by integration and aggregation. GeoInformatica, 2(4): 335-358.

Sester M, Brenner M. 2004. Continuous generalization for visualization on small mobile devices//Richardson D, Oosterom P. Advances in Spatial Data Handling. Berlin: Springer-Verlag: 355-368.

Skogan D. 2005. Multi-Resolution Geographic Data and Consistency. Oslo: The University of Oslo.

Spaccapietra S, Parent C, Zimányi E. 2007. Spatio-temporal and multi-representation modeling: A contribution to active conceptual modeling//Chen P P, Wong L Y. Active Conceptual Modeling of Learning. ACM-L 2006. Lecture Notes in Computer Science, vol 4512. Berlin, Heidelberg: Springer: 194-205.

Stell J G, Worboys M F. 1998. Stratified map spaces: A formal basis for multi-resolution spatial databases//Poiker T K, Chrisman N. Proceedings of the 8th International Symposium of Spatial Data Handing, SDH 1998. Columbia(British): Taylor & Francis: 180-189.

Timpf S. 1998a. Hierarchical Structures in Map Series. Vienna: The Technical University Vienna.

Timpf S. 1998b. Map cube model-a model for multi-scale data//Poiker T K, Chrisman N. Proceedings of the 8th International Symposium of Spatial Data Handing, SDH 1998. Columbia(British): Taylor & Francis: 190-201.

Timpf S. 1999. Abstraction, levels of detail, and hierarchies in map series. Lecture Notes in Computer Science, 1661: 125-140.

Turner M G, O'Neill R V, Gardner R H, et al. 1989. Effects of changing spatial scale on the analysis of landscape pattern. Landscape Ecology, 3(3): 153-162.

UCGIS. 1996. Research priorities for geographical information science. Cartography and Geographic Information System, 23(3): 115-127.

van Oosterom P. 1993. Reactive Data Structures for Geographic Information Systems. Oxford: OUP.

van Oosterom P. 1995. The GAP-tree: An approach to on-the-fly map generalization of an area partitioning//Muller J C, Lagrange J P, Weibel R. GIS and Generalization: Methodology and Practice. London: Taylor & Francis: 120-132.

Vangenot C, Parent C, Spaccapietra S. 2002. Modeling and manipulating multiple representations of spatial data//Proceedings of International Symposium on Spatial Data Handing, SDH2002. Ottawa: Taylor & Francis: 81-93.

Ware J M, Jones C B. 1998. Conflict reduction in map generalization using iterative improvement. GeoInformatica, 2(4): 383-407.

Worboys M, Hearnshaw H, Maguire D. 1990. Object-oriented data modelling for spatial databases. International Journal of Geographical Information Science, 4(4): 369-383.

Yang B, Purves R, Weibel R. 2007. Efficient transmission of vector data over the internet. International

Journal of Geographical Information Science, 21(2): 215-237.

Zhou S, Jones C B. 2001. Design and implementation of multi-scale databases//Jensen C S, Schneider M, Seeger B, et al. Advances in Spatial and Temporal Databases. SSTD 2001. Lecture Notes in Computer Science, vol 2121. Berlin, Heidelberg: Springer: 365-384.

Zhou S, Jones C B. 2003. A multi-representation spatial data model//Hadzilacos T, Manolopoulos Y, Roddick J, et al. Advances in Spatial and Temporal Databases. SSTD 2003. Lecture Notes in Computer Science, vol 2750. Berlin, Heidelberg: Springer: 394-411.